国网宁夏电力有限公司经济技术研究院 ■ 组编

输变电工程全过程造价管理常见问题180例

SHUBIANDIAN GONGCHENG
QUANGUOCHENG ZAOJIA GUANLI
CHANGJIAN WENTI 100 LI

中国电力出版社
CHINA ELECTRIC POWER PRESS

内容提要

本书立足输变电工程全过程管理实际，通过收集和整理近三年输变电工程全过程相关数据，筛选汇总不同阶段的造价管控常见典型问题和重点工作，以错误、正确案例对比的形式编写，并分析问题原因、提出相应解决方法和重要参考依据。

全书分为6章，包括估、概、预算编审典型案例，清单控制价编审典型案例，招投标、合同签订阶段典型案例，建设过程结算典型案例，全口径竣工结算典型案例，结算审核审计常见问题。

本书可供输变电工程造价管理相关技术人员阅读使用，也可作为培训教材。

图书在版编目（CIP）数据

输变电工程全过程造价管理常见问题180例/国网宁夏电力有限公司经济技术研究院组编. —北京：中国电力出版社，2020.7

ISBN 978-7-5198-3190-5

Ⅰ. ①输…　Ⅱ. ①国…　Ⅲ. ①输电－电力工程－造价管理－中国②变电所×电力工程－造价管理－中国　Ⅳ. ①TM7②TM63

中国版本图书馆CIP数据核字（2020）第029679号

出版发行：中国电力出版社
地　　址：北京市东城区北京站西街19号（邮政编码100005）
网　　址：http://www.cepp.sgcc.com.cn
责任编辑：马淑范（010-63412397）　李文娟　孟花林
责任校对：黄　蓓　马　宁
装帧设计：王红柳
责任印制：杨晓东

印　　刷：北京雁林吉兆印刷有限公司
版　　次：2020年7月第一版
印　　次：2020年7月北京第一次印刷
开　　本：787毫米×1092毫米　16开本
印　　张：12.5
字　　数：261千字
印　　数：0001—2000册
定　　价：58.00元

《输变电工程全过程造价管理常见问题180例》

编 委 会

主　　任　黄宗宏

副主任　薛　东　丁向阳　李艾玲

委　　员　佘　涛　冯　斌　贺桂萍

编 写 组

主　　编　于　波

副主编　刘小敏　供　鑫　韦冬妮

参　　编　何勇萍　肖艳利　刘尚科　苟瑞欣　王　铮

唐彦玲　杨少华　卢　博　尤　菲　杨　凯

李海明　雍　浩　潘镜汀　常盛楠　贾　忠

李海霞　王封潇　周承英

主编单位　国网宁夏电力有限公司经济技术研究院

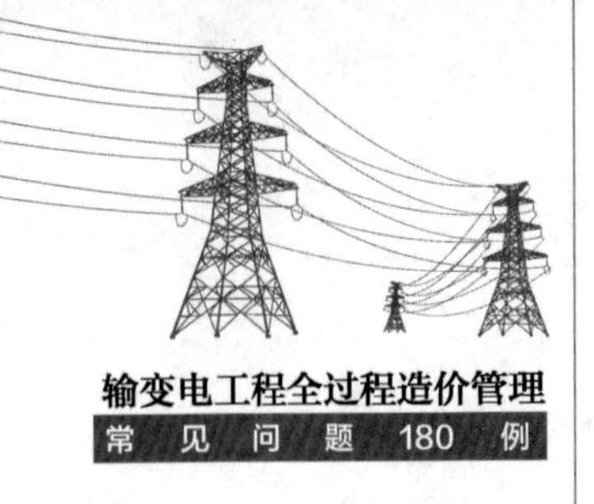

前言

近年来，随着国家电网有限公司发展战略的不断升级更新，输变电工程建设的精细化管控任务日益繁重，采用以合同款项为主要管理依据的事后造价管理模式已经远不能够满足电网发展的要求。针对这一现状，输变电工程已实行全过程造价管理，这对提升造价管理精度、辅助工程决策具有重要意义。

为积极转变以往造价管理过程中“重阶段性管理，轻全过程控制”的管理模式，本书以造价全过程管理实例为切入点，筛选全过程造价管理工作中的常见典型问题并加以分析总结，以便引起相关工作人员的重视，有效防止各阶段常见典型问题的发生。

本书立足输变电工程项目全过程管理实际，汇总不同阶段造价管理的常见问题和重点工作，深入探究问题发生原因，并提供相应解决方法。书中以案例对比形式，简洁明了地提出全过程造价管理中的典型问题，并提供重要的参考依据，以帮助技经人员解决工程建设过程中容易出现的实际问题，从而不断推动造价管理模式向事前转变。同时，也为技经人才队伍建设提供了切实可行的培训素材，有助于技经人才队伍建设，从而提升工程造价管理精益化水平。

本书编写过程中难免有疏漏之处，请广大读者批评指正。

编　者

2019年12月

目录

第1章 估、概、预算编审典型案例

估算又称投资估算，是依据现有资料对拟建电网项目的投资额进行估计，是项目可行性研究报告的重要组成部分，是项目决策的重要依据之一。概算又称设计概算，是设计单位根据初步设计图纸、概算定额、取费标准等资料预先计算的工程全过程建设费用的经济文件，是确定和控制基本建设总投资的依据，是工程承包、招标的依据。预算是指施工图预算，是拟建工程在开工前根据已批准并经会审的施工图、施工组织设计方案、预算定额等预先计算工程建设费用的经济文件，是考核工程成本、确定工程造价的重要依据，是编制清单控制价的重要依据。估算、概算、预算的准确性直接影响电网工程清单控制价编制、招投标、工程建设及竣工结算等环节。

本章梳理了设备、材料价格依据；电网工程建设预算编制与计算规定及电力定额应用；工程量计算的准确性；其他费用计列的准确性等方面的典型案例，以进一步提升电网工程估算、概算、预算的编制、审核效率及准确性。

需注意的是本书所列参考依据为案例发生时实施的文件。现实工作中应实时关注国家公司文件发布，及时执行最新文件要求。此问题全书同，不再一一注明。

1.1 设备、材料价格依据不充分

1.1.1 装置性材料、设备、地方性材料未执行最新信息价文件

（1）案例描述。

可研初设阶段，主要设备、装置性材料所采用的价格与估概算编制期的国家电网有限公司电网工程设备材料信息价（简称国网信息价）不符、地方性材料所采用的价格与估概算编制期工程所在地当期工程造价不符，导致工程的建筑安装工程费（简称建安费）、设备购置费以及编制基准期价差计算不准确，主要设备、装置性材料价格应参照国家电网有限公司（简称国网公司）当期信息价计列，地方性材料价格应执行工程所在地当期价格，并考虑运费。

（2）错误问题示例见图1-1。

装置性材料价差汇总表(甲供)

材料名称	单位	设计用量	损耗率(%)	单价(含税)	合价(含税)	
				市场价	市场价	价差
塔材 角钢塔	t	25.247	0.500	7515.00	190680	14945
钢芯铝绞线 JL/G1A 400/35	t	18.281	0.400	15885.00	291555	28375
GJ-80	t	0.132	0.300	7855.36	1040	76
合计					483275	43396

材料价格采用上一季度信息价

图 1-1 错误图示

工程初设概算送审时间为 2018 年 11 月，主要装置性材料价格未参照当期信息价《2018 年电网工程设备材料第三季度信息价》（发布实施日期：2018 年 9 月 19 日）计列价差，而是参照上一期信息价《2018 年电网工程设备材料第二季度信息价》（发布实施日期：2018 年 6 月 25 日）计列价差。

（3）正确处理示例见图 1-2。

装置性材料价差汇总表(甲供)

材料名称	单位	设计用量	损耗率(%)	单价(含税)	合价(含税)	
				市场价	市场价	价差
塔材 角钢塔	t	25.247	0.500	7909.00	200677	24942
钢芯铝绞线 JL/G1A 400/35	t	18.281	0.400	15703.00	288215	25035
GJ-80	t	0.132	0.300	8536.00	1130	166
合计					490022	50143

图 1-2 正确图示

工程初设概算送审时间为 2018 年 11 月，主要装置性材料价格应采用《2018 年电网工程设备材料第三季度信息价》（发布实施日期：2018 年 9 月 19 日），装置性材料当季信息价如图 1-3 所示。

2018第三季度信息价—交流部分(第二十五期)

序号	大类	设备材料名称	属性组合	单位	信息价
8	铁塔（塔材类型，最高材料等级）				
8.5	装置性材料	铁塔	角钢，Q345	t	7909
9	钢绞线（标称截面mm²）				
9.4	装置性材料	钢绞线	80	t	8536
11	钢芯铝绞线（标称截面mm²）				
11.9	装置性材料	钢芯铝绞线	400/35	t	15703

图 1-3 装置性材料当季信息价

（4）参考依据。

《电网工程建设预算编制与计算规定（2013 年版）》

《2018 年电网工程设备材料第三季度信息价》（国网公司电网工程设备材料当期信息价）

（5）特别说明。

地方性材料应执行工程所在地当期材料价格，需增加运费时，需提供工程所在地至县市区运输距离的依据。

1.1.2 设备、装置性材料单价计列随意，无参照标准

（1）案例描述。

可研初设阶段，国网信息价中未涵盖的设备、装置性材料价格无计列依据，导致估概算投资不准确。国网信息价未涵盖的设备、装置性材料价格应参照近期同类工程设备、材料招标价计列。

（2）错误问题示例见图 1-4。

安装甲供设备汇总表

设备名称	单位	数量	运杂费率	单价（含税）		合价（含税）		合计
				单价	运杂费	单价	运杂费	
PCM基群复接设备	套	2.000	0.70	60000.00	420.00	120000	840	120840
综合配线架	面	1.000	0.70	30000.00	210.00	30000	210	30210

图 1-4 错误图示

PCM、综合配线架价格未在国网信息价范畴之内，工程初设送审概算中，PCM、综合配线架价格均按估列费用计列，且未提供计列依据。根据国网宁夏电力有限公司经济技术研究院（简称宁夏经研院）2018 年评审要点规定，设备、材料价格应参照当期国网信息价，不足部分参照近期同类工程设备、材料招标价计列。

（3）正确处理示例见图 1-5。

安装甲供设备汇总表

设备名称	单位	数量	运杂费率	单价（含税）		合价（含税）		合计
				单价	运杂费	单价	运杂费	
PCM基群复接设备	套	2.000	0.700	47590.16	333.13	95180	666	95847
综合配线架	面	1.000	0.700	19837.16	138.86	19837	139	19976

图 1-5 正确图示

工程初设概算送审时间为 2018 年 8 月，PCM、综合配线架价格采用国网最近批次（2018 年 6 月 15 日）的招标价格计列，设备、装置性材料当期招标价格如图 1-6 所示。

设备/材料名称	中标数量	单位	中标单位	中标金额（元）	实签时期
PCM设备,多方向	1	套		47590.16	2018-06-15
综合配线架,DDF+ODF+VDF	1	套		19837.16	2018-06-15

图 1-6 设备、装置性材料当期招标价格

（4）参考依据。

《电网工程建设预算编制与计算规定（2013 年版）》

《2018 年电网工程设备材料第三季度信息价》（国网公司电网工程设备材料当期信息价）

（5）特别说明。

对无依据的设备、材料单价，建设管理单位应提供计列标准，设计单位参照建设管理单位提供的参照依据进行计列。

1.1.3 定额基价内人工、材料、机械调整系数未执行最新定额管理文件要求

（1）案例描述。

可研、初设、施工图阶段，人工、材料、机械（简称人材机）调整系数未执行编制期的价格水平调整文件，导致编制基准期价差计算不准确。可研、初设、施工图阶段，人材机调整系数应严格执行《电网工程建设预算编制与计算规定（2013 年版）》《电力建设工程概预算定额价格水平调整办法》（定额〔2014〕13 号）的相关规定，并按照编制期的价格水平调整文件进行系数调整。

（2）错误问题示例见图 1-7。

架空工程人工按系数调差明细表

金额单位:元

项目名称	单位	系数	单价	合价
一般线路本体工程	%	16.00	55193.00	8830.88

架空工程材料按系数调差明细表

金额单位:元

项目名称	单位	系数	乙供材料费不含税	材料价差合计
一般线路本体工程	%	4.39	12284.00	539

图 1-7 错误图示

宁夏某 110kV 架空输电线路工程，工程初设概算送审时间 2018 年 5 月，人材机调整系数未执行当期价格水平调整文件，而是执行了上期价格水平调整文件《电力工程造价与定额管理总站关于发布 2013 版电力建设工程概预算定额 2016 年度价格水平调整的通知》（定额〔2016〕50 号）（发布实施日期：2016 年 12 月 16 日）。该文件规定，宁夏 110kV 及以下，安装工程人工费调整系数 16%；安装工程材机调整系数 4.39%。

（3）正确处理示例见图 1-8。

人材机调整系数应执行当期价格水平调整文件：《电力工程造价与定额管理总站关于发布 2013 版电力建设工程概预算定额 2017 年度价格水平调整的通知》（定额〔2018〕3 号）（发布实施日期：2018 年 1 月 10 日）。该文件规定，宁夏 110kV 及以下，安装工程人工费调整系数 20.09%；安装工程材机调整系数 4.51%。

架空工程人工按系数调差明细表

金额单位:元

项目名称	单位	系数	单价	合价
一般线路本体工程	%	20.09	55193.00	11088.27

架空工程材料按系数调差明细表

金额单位:元

项目名称	单位	系数	乙供材料费不含税	材料价差合计
一般线路本体工程	%	4.51	12284.00	554

图 1-8 正确图示

（4）参考依据。

《电网工程建设预算编制与计算规定（2013 年版）》

《电力建设工程概预算定额价格水平调整办法》（定额〔2014〕13 号）

1.2 预算编制与计算规定及定额应用不准确

1.2.1 估概预算编制时工程费用类型划分错误

（1）案例描述。

估概预算编制时，由于对建筑工程费用、安装工程费用划分界限了解不清晰，导致应计入建筑工程费用的项目错误计入安装工程费用中，或应计入安装工程费用的项目错误计入建筑工程费用中，从而造成建安工程费用计算错误。因此，在估概预算编制时，应严格执行《电网工程建设预算编制与计算规定（2013 年版）》中对电网工程费用性质划分的相关规定。

（2）错误问题示例见图 1-9。

电缆输电线路安装工程概算表

编制依据	项目名称及规格	单位	数量	单价 安装工程费	合价 安装工程费
	电缆保护管				14858
YX7-202	电缆保护管敷设 塑料管 Φ200	m	480.000	2.85	1367
YX7-197	电缆保护管敷设 无缝钢管 Φ150	m	36.000	8.85	319
2	措施费	元			4736
2.1	冬雨季施工增加费	%	8.150	1028.00	84
2.2	夜间施工增加费	%	1.310	1028.00	13
2.3	施工工具用具使用费	%	4.780	1028.00	49

错将电缆保护管敷设费用计入安装工程费

图 1-9 错误图示

某 110kV 架空、电缆混合架设线路工程送审概算中，电缆保护管敷设费用计入安装工程费中，取费采用安装工程取费标准，不符合《电网工程建设预算编制与计算规定（2013年版）》中对电网工程的费用性质划分规定。

（3）正确处理示例见图 1-10。

电缆输电线路建筑工程概算表

编制依据	项目名称及规格	单位	数量	单价	合价
				建筑工程费	建筑工程费
	电缆保护管				14858
YX7-202	电缆保护管敷设 塑料管 Φ200	m	480.000	2.85	1367
YX7-197	电缆保护管敷设 无缝钢管Φ150	m	36.000	8.85	319
2	措施费	元			3798
2.1	冬雨季施工增加费	%	2.270	40318.00	915
2.2	夜间施工增加费	%	0.120	40318.00	48
2.3	施工工具用具使用费	%	0.680	40318.00	274

图 1-10 正确图示

按照《电网工程建设预算编制与计算规定（2013 年版）》电网工程费用性质划分规定，电缆保护管敷设费用应计入建筑工程费中，取费应采用建筑工程取费标准。

（4）参考依据。

《电网工程建设预算编制与计算规定（2013 年版）》

（5）特别说明。

建筑工程费、安装工程费取费费率不同，错误的编制方法会导致其工程取费发生错误。

1.2.2 估概预算编制时设备、材料类型划分错误

（1）案例描述。

估概预算编制时，由于设备、材料混淆，导致设备、材料费用计列错误，常出现应计入设备购置费中的设备费用错误地以材料费计入建安工程费用中，并按照建安工程费取费标准进行取费，且最终作为其他费用的计费基数，导致项目投资增加。因此，在估概预算编制时，应严格执行《电网工程建设预算编制与计算规定（2013 年版）》中对电网工程费用性质划分相关规定。

（2）错误问题示例见图 1-11。

某 110kV 变电站新建工程送审估算中，建筑工程消防器材按材料计入建筑工程费中，并按建筑工程取费标准参与取费，不符合《电网工程建设预算编制与计算规定（2013 年版）》对电网工程各类站设备及材料费用性质划分规定。

建筑工程估算表

项目名称	单位	数量	单价		建筑工程费合价
			设备费	建筑工程费	
消防器材					51445
8kg手提式干粉灭火器	具	30		260	7800
5kg手提式干粉灭火器	具	10		180	1800
70kg手推式干粉灭火器	具	1		1300	1300
灭火器箱	具	12		2000	24000
消防器材柜	面	1		1000	1000
沙箱、消防铲、消防斧、消防铅	套	1		1500	1500
主材费小计：					37400
冬雨季施工增加费	%	2.270		37400	6296
夜间施工增加费	%	0.120		37400	2816
施工工具用具使用费	%	0.680		37400	1952

错将消防器材按材料计入建筑工程费

图 1-11 错误图示

（3）正确处理示例见图 1-12。

建筑工程估算表

编制依据	项目名称及规格	单位	数量	单价	
				设备费	建筑工程费
	消防器材				
不取费	8kg手提式干粉灭火器	具	30.000	260.00	
不取费	5kg手提式干粉灭火器	具	10.000	180.00	
不取费	70kg手提式干粉灭火器	具	1.000	1300.00	
不取费	灭火器箱	箱	12.000	2000.00	
不取费	消防器材柜	面	1.000	1000.00	
不取费	沙箱、消防铲、消防斧、消防铅	套	1.000	1500.00	

图 1-12 正确图示

按照《电网工程建设预算编制与计算规定（2013 年版）》各类站设备及材料费用性质划分规定，建筑工程中给排水、采暖、通风、空调、消防采暖加热（制冷）站（或锅炉）的风机、空调机（包括风机盘管）和水泵属于设备。

（4）参考依据。

《电网工程建设预算编制与计算规定（2013 年版）》

1.2.3 估概预算编制时，定额理解不到位，定额套用错误

（1）案例描述。

估概预算编制时，由于编制人员忽视定额说明，直接按照个人理解套用定额，引起定额套用错误，从而导致估概预算编制不准确。因此，估概预算编制人员应详细深入了解定额说明，在估概预算编制时严格执行《电力建设工程概预算定额（2013 年版）》，避免错误套用定额。

（2）错误问题示例见图 1-13。

架空输电线路单位工程估算表

编制依据	项目名称及规格	单位	数量	单价	合价
				安装费	安装费
				合计	合计
	导线、避雷线一般架设				
YX5-2	一般架设 单根避雷线钢绞线 50mm^2以内	km	6.703	535.13	3587
YX5-11	一般架设 导线240mm^2以内	km/三相	22.500	2308.33	51937

OPPC相未列出

图 1-13 错误图示

某 110kV 架空输电线路工程，导线 2 相采用 JL/G1A-240/30 钢芯铝绞线，另 1 相采用 OPPC-12B1-240/30（相线复合光缆）。送审估算中估算编制人员将 OPPC 相（相线复合光缆）错误理解为导线，与其他两相导线套用“导线一般架设”定额。

（3）正确处理示例见图 1-14。

架空输电线路单位工程估算表

编制依据	项目名称及规格	单位	数量	单价	合价
				安装费	安装费
				合计	合计
	导线、避雷线一般架设				
YX5-2	一般架设 单根避雷线 钢绞线 50mm^2以内	km	6.703	535.13	3587
调 YX5-11×0.67	一般架设 导线 240mm^2以内	km/三相	22.500	1546.58	34858
	张力放、紧线：				
调 YX5-30×0.33	张力放、紧线 导线 OPPC 1根	km/三相	22.500	899.07	20229

图 1-14 正确图示

根据《电力建设工程预算定额（2013 年版） 第六册 通信工程》说明：OPPC（相线复合光缆）安装应套用《电力建设工程预算定额（2013 年版） 第四册 输电线路工程》OPGW 光缆安装相关子目。

（4）参考依据。

《电力建设工程预算定额（2013 年版）》

《电力建设工程预算定额使用指南（2013 年版）》

《电力建设工程概算定额（2013 年版）》

《电力建设工程概算定额使用指南（2013 年版）》

1.2.4 估概预算编制时，忽略定额调整系数换算方式，多计或少计工程费用

（1）案例描述。

估概预算编制时，由于编制人员忽视定额说明，忽略工程增加定额调整系数差异，直接套用定额，引起估概预算编制的不准确，主要发生在变电站工程分系统调试、整套调试、特殊调试以及线路工程输电线路试运等定额子目时，在套用定额过程中，要认真查看定额说明，查清所套用的定额子目项目是否需要换算。

（2）错误问题示例见图 1-15。

架空输电线路单位工程概算表

表三甲

序号	编制依据	项目名称及规格	单位	数量	单价		
					装置性材料	安装费	
						合计	其中：人工费
6.4		输、送电线路试运					
		输电线路试运					
	YS6-32	输电线路试运 110kV以下	回	1.000		9441.23	3417.00
		小计					

同塔双回路架设，未对增加回路乘系数0.7

图 1-15　错误图示

某 110kV 架空输电线路工程，同塔双回路架设，送审概算中同塔双回路的输电线路试运定额套用单回路输电线路试运定额，未对增加的另一回路按定额乘以系数 0.7 进行调整。

（3）正确处理示例见图 1-16。

架空输电线路单位工程概算表

表三甲

序号	编制依据	项目名称及规格	单位	数量	单价		
					装置性材料	安装费	
						合计	其中：人工费
6.4		输、送电线路试运					
		输电线路试运					
	YS6-32	输电线路试运 110kV以下	回	1.000		9441.23	3417.00
	调 YS6-32×0.7	输电线路试运 110kV以下	回	1.000		6608.86	2391.90
		小计					

图 1-16　正确图示

（4）参考依据。

《电力建设工程预算定额（2013 年版）》

《电力建设工程预算定额使用指南（2013 年版）》

《电力建设工程概算定额（2013 年版）》

《电力建设工程概算定额使用指南（2013 年版）》

1.2.5　估概预算编制时，部分工作内容漏套定额

（1）案例描述。

估概预算编制时，部分试验项目需根据技术规范开展，由于造价编制人员忽视对技术规范的学习，导致本应计费但是无法直观看到的工程量未计列相关费用。主要包括两种情形：一是定额未含的工作内容漏项，或定额未计价材料漏计；二是按照交接试验规范本应计费的项目漏计费。以上两种情形的定额漏套，都会导致估概预算不准确。

（2）错误问题示例见图1-17。

编制依据	项目名称及规格	单位	数量	单价
				安装费
	特殊调试			
YS7-7	变压器交流耐压试验 110kV	台（三相）	1.000	10534.89
YS7-13	变压器绕组变形试验 110kV	台（三相）	1.000	4508.54
YS7-74	接地网阻抗测试 变电站 110kV	站	1.000	35721.68

漏计GIS（HGIS）交流耐压试验调试定额

图1-17　错误图示

某110kV新建变电站工程，安装10套户外GIS组合电器。可研估算评审中发现，由于估算编制人员的疏忽，漏计“GIS（HGIS）交流耐压试验”调试定额。

（3）正确处理示例见图1-18。

编制依据	项目名称及规格	单位	数量	单价
				安装费
	特殊调试			
YS7-7	变压器交流耐压试验 110kV	台（三相）	1.000	10534.89
YS7-13	变压器绕组变形试验 110kV	台（三相）	1.000	4508.54
YS7-62	GIS(HGIS)交流耐压试验 110kV	间隔	5.000	9537.09
调YS7-62×0.9	GIS(HGIS)交流耐压试验 110kV	间隔	5.000	8583.38
YS7-74	接地网阻抗测试 变电站 110kV	站	1.000	35721.68

图1-18　正确图示

应增加“GIS（HGIS）交流耐压试验”调试定额，且根据《电力建设工程预算定额使用指南（2013年版）》规定，对GIS（HGIS）耐压局部放电试验，5个间隔以内按定额乘以系数1，第6～10个间隔按定额乘系数0.9。

（4）参考依据。

《电力建设工程预算定额（2013年版）》

《电力建设工程预算定额使用指南（2013年版）》

《电力建设工程概算定额（2013年版）》

《电力建设工程概算定额使用指南（2013年版）》

（5）特别说明。

定额总说明中依据的相关规范是编制定额的主要依据，定额工作内容与相关规程规范相互吻合，工程计费应在对照规程规范具体工艺流程的基础上，进行费用编制，防止漏计费用。

1.2.6 同一工作内容重复套用定额

（1）案例描述。

定额子目中同一工作内容可能会涉及两个及两个以上定额子目，部分编制人员对定额内工作内容或费用名称不了解，同一工作内容重复套用定额。主要体现在调试部分子目及建筑、安装工程子目混用等方面。

（2）错误问题示例见图 1-19。

编制依据	项目名称及规格	单位	数量	单价
				安装费
	分系统调试			
调 GS2-6×1.2	变压器系统调试 三相 63000kVA以下	系统	1.000	5377.53
GS2-22	交流供电系统调试 电压 110kV	系统	4.000	1376.85
GS2-54	变电站直流电源系统调试 变电站 110kV	站	1.000	1560.27
GS2-118	交直流电源一体化系统调试 变电站 110kV	站	1.000	3847.28

分系统调试同时套用两定额子目

图 1-19 错误图示

某 110kV 新建变电站工程，交直流电源一体化配置送审可研估算中，分系统调试同时套用“交直流电源一体化调试”定额子目与“变电站直流电源系统调试”定额子目，发生重复计费。

（3）正确处理示例见图 1-20。

编制依据	项目名称及规格	单位	数量	单价
				安装费
	分系统调试			
调 GS2-6×1.2	变压器系统调试 三相 63000kVA以下	系统	1.000	5377.53
GS2-22	交流供电系统调试 电压 110kV	系统	4.000	1376.85
GS2-54	变电站直流电源系统调试 变电站 110kV	站	0.000	1560.27
GS2-118	交直流电源一体化系统调试 变电站 110kV	站	1.000	3847.28

图 1-20 正确图示

根据《电力建设工程预算定额使用指南（2013 年版）》规定，当交直流电源一体化配置时，套用“交直流电源一体化调试”项目，不再套用其他的电源系统调试定额。

（4）参考依据。

《电力建设工程预算定额（2013 年版）》

《电力建设工程预算定额使用指南（2013年版）》

《电力建设工程概算定额（2013年版）》

《电力建设工程概算定额使用指南（2013年版）》

1.2.7　预算编制时，设备运杂费率计列错误

（1）案例描述。

预算编制前，主要设备及材料均已招投标或签订合同，设备仅计列卸车保管费，但预算书中常出现对于已招标的设备，未根据设备招标和设备实际供货情况计列设备运杂费，而是依据《电网工程建设预算编制与计算规定（2013年版）》，按照铁路、水路和公路联合运输的模式计取设备运杂费，造成设备运杂费增加，增大设备购置费，挤占工程费用。

（2）错误问题示例见图1-21。

项目名称及规范	单位	数量	单价	合价
			设备	设备
110 kV配电装置				1339310
SF_6全封闭组合电器(GIS)出线间隔126kV，2000A	台	2.000	650000.00	1300000
避雷器H10W-102/266W	组	2.000	15000.00	30000
普通设备运杂费	%	4.860	1330000.00	64638
设备费小计				1394638

普通设备运杂费的费率选取错误

图1-21　错误图示

某110kV变电站间隔扩建工程，110kV配电装置部分安装2套户外GIS组合电器及110kV 氧化锌避雷器，设备由供货商直接供货到现场，预算编制人员将设备运杂费费率按4.86%［宁夏地区其他设备铁路、水路运杂费率3.8%＋公路运杂费率1.06%（运距在50km以内）］计取。但根据《电网工程建设预算编制与计算规定（2013年版）》规定，供货商直接供货到现场的，只计取卸车费及保管费，其他设备运杂费应按设备费的0.7%计取。

（3）正确处理示例见图1-22。

项目名称及规范	单位	数量	单价	合价
			设备	设备
110 kV配电装置				1339310
SF6全封闭组合电器(GIS)出线间隔126kV，2000A	台	2.000	650000.00	1300000
避雷器H10W-102/266W	组	2.000	15000.00	30000
普通设备运杂费	%	0.700	1330000.00	9310
设备费小计				1339310

图1-22　正确图示

（4）参考依据。

《电网工程建设预算编制与计算规定（2013 年版）》

1.2.8 估概预算编制时，拆除费用计费方式错误

（1）案例描述。

估概预算编制时，拆除费用错误计入工程本体费用中，工程本体费用增加，导致以工程本体费用作为取费基数的其他费用计算不准确，从而影响工程投资的准确性。估概预算编制人员应严格按照《电网工程建设预算编制与计算规定（2013 年版）》，将拆除费用列入其他费用中的余物清理费项下。

（2）错误问题示例见图 1-23。

其他费用估算表

表四　　　　金额单位：元

序号	工程或费用项目名称	编制依据及计算说明	合价
1	建设场地征用及清理费	(建设场地征用及清理费)	217730
2	项目建设管理费		46949
2.1	项目法人管理费	(本体工程费)×1.17%	23712
2.2	招标费	(本体工程费)×0.37%	7499

架空输电单位工程估算表

表三丙

序号	编制依据	项目名称及规范	单位	数量	单价	合价	
					安装费	装置性材料	安装费合计
一		一般线路本体工程				875016	2026706
8		拆除工程					11042
		杆塔基础拆除					
	CX1-1	杆塔基础拆除 基础混凝土拆除	m³	10.000	56.1		561

图 1-23　错误图示

某架空输电线路工程，拆除费用错误计入线路工程本体费用，并作为其他费用取费基数的组成部分。

（3）正确处理示例见图 1-24。

建设场地征用及清理费用估算表

表七　　　　金额单位：元

序号	工程或费用名称	编制依据及计算说明	合价
1	建设场地征用及清理费		228772
1.4	余物清理费		11042
1.4.1	拆除费用	(@线路.CCGC1.工程取费)	11042
	小计		228772

图 1-24　正确图示

（4）参考依据。

《电网工程建设预算编制与计算规定（2013年版）》

（5）特别说明。

主网拆除费用计费方式与配网、技改检修的计费方式存在差异。

1.2.9 估概预算编制时，可以套用定额进行计费的项目采用一笔性费用估列，依据不足

（1）案例描述。

由于工程建设需要，对其他电网工程进行部分改造或部分拆除，但在估概预算编制时，编制人员未按照《电网技术改造工程定额及费用计算规定》，对改造或拆除部分套用相应定额计取费用，而是估列一笔性费用计列，影响工程其他费用的准确性。

（2）错误问题示例见图1-25。

建设场地征用及清理费用概算表

金额单位:元

序号	工程或费用名称	编制依据及计算说明	合价
1	建设场地征用及清理费		1068197
1.4	余物清理费		50000
1.4.6	拆除费	拆除××线124号、125号铁塔	50000

拆除费、余物清理费错误使用一笔性费用

图1-25 错误图示

某架空输电线路工程，需拆除××线路约0.5km，铁塔2基（124号、125号），更换杆号牌204基。送审概算中，拆除部分费用采用一笔性费用计列，未套用拆除定额计取费用。依据《电网工程建设预算编制与计算规定使用指南（2013年版）》规定，当拆除对象是电网工程时，其拆除及设备材料清运费请参照《电网技术改造工程定额及费用计算规定》中的拆除部分的相关内容，计列到余物清理费项下。

（3）正确处理示例见图1-26、图1-27。

建设场地征用及清理费用概算表

金额单位:元

序号	工程或费用名称	编制依据及计算说明	合价
1	建设场地征用及清理费		1025077
	--- ---	--- ---	
1.4	余物清理费		6880
1.4.6	拆除××线124号、125号铁塔	(拆除工程费-@线路.GZF.工程取费)	6880

图1-26 正确图示

拆除部分费用参照《电网技术改造工程定额及费用计算规定》中的拆除部分计列拆除费用。

架空线路单位工程概算表（拆除工程）

编制依据	项目名称及规范	单位	数量	单价 安装费 合计	合价 安装费 合计
	拆除工程(不可再利用)				6880
	拆除原110kV××线124号、125号铁塔2基。				6880
CX2-33	铁塔拆除 每基质量3(t)以内	基	2.000	940.14	1881
CX3-4	一般导地线拆除 单根避雷线(mm^2) 钢绞线 100以内	km	0.500	458.29	229

图 1-27 正确图示

（4）参考依据。

《电网工程建设预算编制与计算规定使用指南（2013 年版）》

（5）特别说明。

主网拆除费用计费方式与配网、技改检修的计费方式存在差异。

1.2.10 架空线路工程估概预算编制时，人力运距、汽车运距与工程实际地形、线路长度不匹配

（1）案例描述。

估概预算编制时，编制人员未依据工程实际地形、线路长度以及人力运距、汽车运距计算规则计算线路工程人力运距和汽车运距，随意增加人力运距及汽车运距，增加工程投资。

（2）错误问题示例见图 1-28。

输电线路工程工地运输工程量计

运距单位:km

项目名称及规格	地形运输量(t)	平地 运距	平地 t×km	丘陵 运距	丘陵 t×km
人力运输					
线材					
4000kg以内	101.937	0.266	27.115	0.434	44.241
1000kg以内	4.286	0.266	1.140	0.434	1.860

人力运距计算错误

图 1-28 错误图示

某 110kV 架空输电线路工程，全线 38%为平地，62%为丘陵。送审估算中，人力运距按 0.7km 考虑，未按比例计算。

（3）正确处理示例见图 1-29、表 1-1。

输电线路工程工地运输工程

运距单位:km

项目名称及规格	地形运输量(t)	平地		丘陵
		运距	t×km	运距
人力运输				
线材				
4000kg以内	101.937	0.152	15.494	3.248
1000kg以内	4.286	0.152	0.651	4.248

图 1-29 正确图示

依据宁夏经研院基建工程技经评审要点对人力运距的计算规定，该工程人力运距应按 0.4km 考虑，人运地形运距见表 1-1。

表 1-1 人 运 地 形 运 距

地形	平地	丘陵	山地	高山	峻岭	河网、泥沼、沙漠
地形运距（m）	200	500	800	1000	1500	400

综合人运＝Σ（各地形比例×地形运距）＝（0.38×200＋0.62×500）m＝386m≈400m

1.2.11 架空线路工程估概预算编制时，砂、石运输错误计列汽车运输

（1）案例描述。

架空线路工程估概预算编制时，砂、石运输计列汽车运输，不符合《电力建设工程预算定额（2013 年版） 第四册 输电线路工程》相关规定，该文件规定砂、石子等材料一般采用地方材料信息价，只计算人力运输、拖拉机运输和索道运输，不计算汽车、船舶等机械运输。

（2）错误问题示例见图 1-30。

输电线路工程工地运输工程量计算表

项目名称及规格	地形运输量(t)	平地		丘陵	
		运距	t×km	运距	t×km
汽车运输					
砂、石、石灰、水泥、砖、土、水					
余土外运	2185.306			3.000	6555.918
水泥	588.338			3.000	1765.014
黄砂	1109.419			3.000	3328.257
石子	2216.122			3.000	6648.366

误将黄砂、石子运输计入汽车运输

图 1-30 错误图示

某 110kV 输电线路工程，地形为 100%丘陵，人力运距 150m，汽车运距 3km，送审可研估算中，将砂、石运输计入汽车运输。

（3）正确处理示例见图 1-31。

输电线路工程工地运输工程量计算表					
项目名称及规格	地形运输量(t)	平地		丘陵	
		运距	t×km	运距	t×km
汽车运输					
砂、石、石灰、水泥、砖、土、水					
余土外运	2185.306			3.000	6555.918
水泥	588.338			3.000	1765.014
黄砂	0			3.000	0
石子				3.000	

图 1-31　正确图示

根据《电力建设工程预算定额使用指南（2013 年版）　第四册　输电线路工程》规定，砂、石子等材料一般采用地方材料信息价，只计算人力运输、拖拉机运输和索道运输，不计算汽车、船舶等机械运输。

（4）参考依据。

《电力建设工程概（预）算定额（2013 年版）》

《电力建设工程概（预）算定额使用指南（2013 年版）》

1.2.12　架空、电缆混合架设的输电线路工程，估概预算编制时，电缆部分未单独成册，费用错误计入线路本体工程费中，并执行架空线路工程取费费率

（1）案例描述。

架空、电缆混合架设的输电线路工程编制估概预算时，编制人员为了节省工作量，未将电缆部分单独编制估概预算，而是直接将电缆部分作为架空部分的一个分部工程，费用直接计入架空部分的本体工程费用中，并且取费执行架空线路工程的取费费率，引起工程估概预算编制不准确。

（2）错误问题示例见图 1-32。

架空输电线路安装工程费用汇总估算表					
工程或费用名称	费率(%)	基础工程	…	杆塔工程	电缆工程
冬雨季施工增加费	10.540	6898		2152	827
夜间施工增加费					
施工工具用具使用费	4.980	3259		1017	391
临时设施费	2.130	5757	…	8016	1437
施工机构迁移费	3.260	2133		665	256
安全文明施工费	2.930	7918		11027	1977

电缆工程未单独编制且错误执行架空输电线路工程取费费率

图 1-32　错误图示

某架空、电缆混合架设输电线路，电缆部分未单独成册，费用计入线路本体工程费用，并执行架空输电线路工程取费费率，不符合《电网工程建设预算编制与计算规定（2013年版）》相关规定。

（3）正确处理示例见图1-33。

电缆输电线路安装工程费用汇总估算表

工程或费用名称	费率(%)	电缆敷设	电缆附件	---	调试及试验
冬雨季施工增加费	8.150	976	843		227
夜间施工增加费	1.310	157	136	---	36
施工工具用具使用费	4.780	572	494		133
临时设施费	8.400	6550	20453		3550
施工机构迁移费	2.110	742	260		56
安全文明施工费	2.930	2285	7135		1238

图1-33 正确图示

依据《电网工程建设预算编制与计算规定（2013年版）》给出的电网各类建设工程取费的原则和方法，其中电缆建筑工程执行变电站建筑工程费率，电缆安装工程执行电缆线路工程费率。

（4）参考依据。

《电网工程建设预算编制与计算规定（2013年版）》

《电力建设工程概（预）算定额（2013年版）》

《电力建设工程概（预）算定额使用指南（2013年版）》

1.3 工程量计算不准确，存在逻辑矛盾

1.3.1 估概预算编制时，定额工程量计算不符合定额工程量计算规则

（1）案例描述。

估概预算编制时，部分工程量需利用设计图纸或设计提资，依据定额工程量计算规则计算相应工程量，但设计人员可能因为疏忽，或对定额工程量计算规则不熟悉，造成工程量计算错误。最常见的错误常出现在变电建筑工程量计算中。

（2）错误问题示例见图 1-34。

建筑工程概算表

编制依据	项目名称及规格	单位	数量	单价	合价
				建筑费	建筑费
	场地平整				54734
	机械场地平整 土方	m³	2000.000	10.76	21520
	机械场地平整 亏方碾压	m³	3500.000	4.42	15470
	小计				36990
一	直接费	元			40409
1	直接工程费	元			36990

亏方量计算错误

图 1-34 错误图示

场地平整土方碾压或夯填＝填方量＝3500m^3

某 110kV 变电站新建工程，填方量为 3500m^3，挖方量为 2000m^3。概算评审时发现场地平整土方夯填量直接按设计提资的 3500m^3 计列，未按场地平整亏方量计算规则计算。

（3）正确处理示例见图 1-35。

建筑工程概算表

编制依据	项目名称及规格	单位	数量	单价	合价
				建筑费	建筑费
	场地平整				41653
	机械场地平整 土方	m³	2000.000	10.76	21520
	机械场地平整 亏方碾压	m³	1500.000	4.42	6630
	小计				28150
一	直接费	元			30751
1	直接工程费	元			28150

图 1-35 正确图示

按照场地平整土方亏方量计算规则：夯填量＝亏方量＝填方量－挖方量。

本案例夯填量＝3500m^3－2000m^3＝1500m^3

（4）参考依据。

《电力建设工程概（预）算定额（2013 年版）》

《电力建设工程概（预）算定额使用指南（2013 年版）》

1.3.2 估概预算编制时，技术资料中已明确的工程量漏计或少计

（1）案例描述。

估概预算编制时，由于编制人员疏忽，在技术资料中已经明确的工程量，在编制工

程费用时漏计或少计，造成工程费用严重不足，后续超概或超估。主要体现在，一是漏计定额未计价材料费用，如漏列基础钢筋、钢筋混凝土结构中的钢筋，环氧树脂复杂地面重复计列等；二是不了解分部分项工程的施工工艺流程，漏计、少计工程量等。

（2）错误问题示例见图1-36。

架空输电线路单位工程估算表

表三甲

编制依据	项目名称及规格	单位	数量	单价 安装费 合计	合价 安装费 合计
	耐张绝缘子串及金具安装				777530
	耐张转角杆塔导线挂线及绝缘子串安装				
YX6-2	耐张转角杆塔导线挂线及绝缘子串安装 110kV 单导线	组	229.000	734.38	168173
	直线（直线换位、直线转角）杆塔绝缘子串悬挂安装				
YX6-21	直线(直线换位、直线转角)杆塔绝缘子串悬挂安装 110kV 单串	单相	69.000	16.57	1144
	导线缠绕铝包带线夹安装				
YX6-50	导线缠绕铝包带线夹安装 直线(直线换位、直线转角)杆塔 110kV 单导线	单相	69.000	12.62	870
	地形系数增加 -- 附件工程	%	2.000	193026	3861

漏计69串跳线串的软跳线制作及安装费用

图1-36 错误图示

某110kV架空输电线路工程的设计提资表中明确提出69串跳线串，但在送审估算中，估算编制人员漏计69串跳线串的软跳线制作及安装费用。

（3）正确处理示例见图1-37。

架空输电线路单位工程估算表

表三甲

编制依据	项目名称及规格	单位	数量	单价 安装费 合计	合价 安装费 合计
	耐张绝缘子串及金具安装				777530
	耐张转角杆塔导线挂线及绝缘子串安装				
YX6-2	耐张转角杆塔导线挂线及绝缘子串安装 110kV 单导线	组	229.000	734.38	168173
	直线（直线换位、直线转角）杆塔绝缘子串悬挂安装				
YX6-21	直线(直线换位、直线转角)杆塔绝缘子串悬挂安装 110kV 单串	单相	69.000	16.57	1144
	导线缠绕铝包带线夹安装				
YX6-50	导线缠绕铝包带线夹安装 直线(直线换位、直线转角)杆塔 110kV 单导线	单相	69.000	12.62	870
	跳线制作及安装				
YX6-125	软跳线制作及安装 单导线 110kV	单相	69.000	304.33	20998

图1-37 正确图示

（4）参考依据。

《电力建设工程概（预）算定额（2013年版）》

《电力建设工程概（预）算定额使用指南（2013年版）》

1.3.3 估概预算编制时，工程量逻辑比例关系存在异常偏差

（1）案例描述。

估概预算编制时，出现工程量逻辑比例关系与工程实际显著不符，导致估概预算编制不准确。如变电站工程中混凝土基础工程量与挖方工程量的比例计算错误。

（2）错误问题示例见图1-38。

建筑工程预算表

编制依据	项目名称及规格	单位	数量	单价	合价
				建筑费	建筑费
	设备支架及基础				223061
GT1-5	机械其他建筑物与构筑物土方	m³	3765.000	17.16	64607
GT2-17	设备基础 GIS基础	m³	220.000	391.56	86143
	小计				150751

机械其他建筑物与构筑物土方工程量计算错误

图1-38 错误图示

混凝土基础工程量与挖方工程量比值＝220:3765＝1:17

某330kV变电站工程，混凝土基础工程量与挖方工程量比值为1:17，依据经研院造价分析测算近年来330kV变电站工程，混凝土基础工程量与挖方工程量比值应为1:10～1:5，该工程计算的比值不在规定范围内，工程量计算有误。

（3）正确处理示例见图1-39。

建筑工程预算表

编制依据	项目名称及规格	单位	数量	单价	合价
				建筑费	建筑费
	设备支架及基础				188909
GT1-5	机械其他建筑物与构筑物土方	m³	1237.000	17.16	11325
GT2-17	设备基础 GIS基础	m³	220.000	391.56	86143

图1-39 正确图示

混凝土基础工程量与挖方工程量比值＝1237:660＝5.6

经与设计人员沟通，该工程GIS基础的土方工程量计算有误，经计算由送审的3765m^{3}调整至1237m^3。调整后的计算比值在规定范围内。

（4）参考依据。

《国网宁夏经研院基建工程评审要点》

1.4　其他费用计列不准确或计列错误

1.4.1　概预算编制时，其他费用中已发生费用项目未按照合同价（或中标价）计列相应费用

（1）案例描述。

概预算编制时，编制人员未与项目法人管理单位充分沟通，出现其他费用中已发生项，如项目前期工作费、工程监理费、勘察设计费等，没有以项目法人与有关单位签订的合同价（或中标价）计列相应费用，而是以《电网工程建设预算编制与计算规定（2013 年版）》或《国家电网公司办公厅转发中电联关于落实〈国家发改委关于进一步放开建设项目专业服务价格的通知〉的指导意见的通知》（办基建〔2015〕100 号）等文件的相关规定计取相应费用，普遍造成其他费用已发生项费用计列偏大，导致工程投资偏大。编制人员在进行工程概预算编制时，应与项目法人建设管理单位充分沟通，确保其他费用中已发生项根据项目法人与相关单位签订的合同价（或中标价）计列相应费用。

（2）错误问题示例见图 1-40。

其他费用概算表

工程或费用名称	编制依据及计算说明	合价
工程监理费	(建筑工程费+安装工程费)×2.71%	258177
项目前期工作费	执行办基建〔2015〕100号	280000
可行性研究费用		120000
环境影响评价费用		50000
水土保持方案编审费用		30000
用地预审费用		50000
使用林地可行性研究费用		30000
勘察设计费	执行国家电网电定〔2014〕19号	738109
勘察费	(勘察费)	45505
设计费		692604

工程监理费、项目前期工作费、勘察设计费的编制依据选择错误

图 1-40　错误图示

某电缆线路工程，初设阶段，项目前期工作费、工程监理费、勘察设计费已由项目法人与有关单位签订相关合同，但编制人员未以合同价计列相应费用，而是依据《电网工程建设预算编制与计算规定（2013 年版）》等相关文件规定计取相应费用。

（3）正确处理示例见图 1-41。

其他费用概算表

工程或费用名称	编制依据及计算说明	合价
工程监理费	执行合同价	48300
项目前期工作费	执行合同价	197543
勘察设计费	执行合同价	627393

图 1-41 正确图示

（4）参考依据。

《国网宁夏经研院基建工程评审要点》

1.4.2 初设阶段，招标费费率错误

（1）案例描述。

概算编制时，招标费费率错误，主要由于编制人员混淆了招标代理费与招标费二者的区别，误将招标代理费费率作为招标费计费费率，导致招标费计列错误。

（2）错误问题示例见图 1-42。

招标代理费 = 取费基数 × 费率

电网工程招标代理费费率

工程类别	取费基数	电压等级（kV）及费率（%）		
		220 及以下	500 及以下	750 及以上
变电	建筑工程费＋安装工程费	1.37	1.05	0.93
架空线路	安装工程费	0.17	0.13	0.09

招标代理费费率选择错误

工程或费用项目名称	编制依据及计算说明	合价
招标费	(本体工程费)×0.17%	10968

图 1-42 错误图示

某 110kV 架空线路工程，招标费计费依据错误采用《国家电网公司办公厅转发中电联关于落实〈国家发改委关于进一步放开建设项目专业服务价格的通知〉的指导意见的通知》（办基建〔2015〕100 号）中的招标代理费费率 0.17%计取招标费。

招标费＝本体工程费×0.17%＝6451720×0.17%＝10968

（3）正确处理示例见图 1-43。

工程或费用项目名称	编制依据及计算说明	合价
招标费	(本体工程费)×0.37%	23871

图 1-43 正确图示

根据《电网工程建设预算编制与计算规定（2013 年版）》规定，220kV 及以下架空线路工程招标费费费率应为 0.37%。招标费费率依据如图 1-44 所示。

招标费=取费基数×费率

招 标 费 费 率

工程类别	取费基数	电压等级(kV)及费率(%)		
		220 及以下	500 及以下	750 及以上
变电	建筑工程费+安装工程费	3.05	2.33	2.07
架空线路	安装工程费	0.37	0.28	0.21

图 1-44 招标费费率依据

招标费＝本体工程费×0.37%＝6451720×0.37%＝23871

（4）参考依据。

《电网工程建设预算编制与计算规定（2013 年版）》

《国家电网公司办公厅转发中电联关于落实〈国家发改委关于进一步放开建设项目专业服务价格的通知〉的指导意见的通知》（办基建〔2015〕100 号）

1.4.3 可研阶段，设计费取费基数错误

（1）案例描述。

估算编制时，设计费取费基数计算错误，主要由于编制人员将编制基准期价差计入建安工程费，而设计费的取费基数应不含编制基准期价差的建安工程费与设备购置费之和，另外编制基准期价差多为正向调整，导致设计费取费基数偏大，从而做大设计费。因此要求估算编制人员严格执行《国家电网公司办公厅转发中电联关于落实〈国家发改委关于进一步放开建设项目专业服务价格的通知〉的指导意见的通知》（办基建〔2015〕100 号）中的设计费计算规定。

（2）错误问题示例见图 1-45。

设计费明细表

金额单位:元

序号	名称	调整系数	基价	合价
	设计费计费额	(本体工程费+编制基准期价差)/10000=(1498425+148274.71)/10000	1646699.7100	164.6700

调整系数计算错误

图 1-45 错误图示

设计费计费额＝（本体工程费＋编制基准期价差）/10000

＝（1498425＋148274.71）/10000＝164.67（万元）

某 110kV 架空线路工程，设计费计费额按（本体工程费＋编制基准期价差）计取。

（3）正确处理示例见图 1-46。

设计费明细表				
				金额单位:元
序号	名称	调整系数	基价	合价
	设计费计费额	(本体工程)/10000=1498425/10000	1498425.00	149.8425

图 1-46 正确图示

设计费计费额＝本体工程费/10000＝1498425/10000＝149.8425（万元）

依据《国家电网公司办公厅转发中电联关于落实〈国家发改委关于进一步放开建设项目专业服务价格的通知〉的指导意见的通知》（办基建〔2015〕100 号）设计费计算规定，线路工程设计费计费额按本体工程费计费额计取。编制基准期价差不作为取费基数。

（4）参考依据。

《国家电网公司办公厅转发中电联关于落实〈国家发改委关于进一步放开建设项目专业服务价格的通知〉的指导意见的通知》（办基建〔2015〕100 号）

1.4.4 可研阶段估算编制，非联合体设计，但设计费中计取了建设管理单位未要求增加的总体设计费

（1）案例描述。

估算编制时，估算编制人员未接到建设管理单位要求编制总体设计费的要求，自行在设计费中按照该建设项目基本设计收费的 5%计列了总体设计费，造成设计费增加。估算编制人员应严格执行办基建〔2015〕100 号的规定，初步设计之前，根据技术标准的规定或者发包人的要求，需要编制总体设计的，按照该建设项目基本设计收费的 5%加收总体设计费。但发包人未要求编制总体设计的，总体设计费不予计列。

（2）错误问题示例见图 1-47。

设计费明细表				
				金额单位:元
序号	名称	调整系数	基价	合价
	设计费计费额	(本体工程费)/10000	7766088.00	776.6088
1	基本设计费	(500×3.411×0.01+(776.6088-500)×2.742×0.01)		246396.13
	基本设计费小计			246396.13
2	总体设计费	5%	246396.13	12319.81
3	施工图预算编制费	10%	246396.13	24639.61
4	竣工图编制费	8%	246396.13	19711.69
	其他设计费小计			56671.11
	设计费合计			303067.24

总体设计费的调整系数选择错误

图 1-47 错误图示

某110kV架空线路工程，建设管理单位未要求编制总体设计，但送审估算中，设计费中按照该建设项目基本设计收费的5%计列了总体设计费。

（3）正确处理示例见图1-48。

设计费明细表

金额单位:元

序号	名称	调整系数	基价	合价
	设计费计费额	(本体工程费)/10000	7766088.00	776.6088
1	基本设计费	(500×3.411×0.01+(776.6088-500)×2.742×0.01)		246396.13
	基本设计费小计			246396.13
2	总体设计费	0%	246396.13	0.00
3	施工图预算编制费	10%	246396.13	24639.61
4	竣工图编制费	8%	246396.13	19711.69
	其他设计费小计			44351.30
	设计费合计			290747.43

图1-48 正确图示

（4）参考依据。

《国家电网公司办公厅转发中电联关于落实〈国家发改委关于进一步放开建设项目专业服务价格的通知〉的指导意见的通知》（办基建〔2015〕100号）

1.4.5 可研阶段，基本设计费计算原则错误

（1）案例描述。

可研阶段，出现基本设计费计算错误。主要由于估算编制人员在计算基本设计费时，未按照分段累进方法计算，而是错误地采用区间费率计算基本设计费，导致基本设计费计算错误。估算编制人员应严格执行办基建〔2015〕100号文的规定，基本设计费计算按设计费计费额累进计费。

（2）错误问题示例见图1-49。

设计费明细表

金额单位:元

序号	名称	调整系数	基价	合价
	设计费计费额	(本体工程费)/10000	6710265.00	671.0265
1	基本设计费	671.0265×2.74×0.01		183861.26

基本设计费采用费率计算错误

图1-49 错误图示

某110kV架空线路工程，基本设计费采用区间费率计算基本设计费：

基本设计费＝671.0265×2.74×0.01＝183861.26。

交直流架空线路应按图1-50所示的设计费计列依据对设计费计费额进行分段累进计算基本设计费。

电压等级	设计费计费额区间（万元）	累进费率
110 kV	500以下（含500）	3.41%
	500～2000（含2000）	2.74%
	2000～6000（含6000）	2.47%
	6000以上	1.98%

图1-50　设计费计列依据

（3）正确处理示例见图1-51。

设计费明细表

金额单位：元

序号	名称	调整系数	基价	合价
	设计费计费额	(本体工程费)/10000	6710265.00	671.0265
1	基本设计费	(500×3.41×0.01+(671.0265-500)×2.74×0.01)		217445.47

图1-51　正确图示

该例基本设计费采用分段累进方法计算基本设计费：

基本设计费＝(500×3.41×0.01＋(671.0265－500)×2.74×0.01)＝217445.47

（4）参考依据。

《国家电网公司办公厅转发中电联关于落实〈国家发改委关于进一步放开建设项目专业服务价格的通知〉的指导意见的通知》（办基建〔2015〕100号）

1.4.6 估概预算编制时，施工图文件审查费计列依据错误

（1）案例描述。

电力工程造价与电力定额管理总站于2018年7月9日发布实施《电力工程造价与定额管理总站关于印发输变电工程施工图文件评审费用暂行规定的通知》（定额〔2018〕40号），专门规定了输变电工程施工图文件审查费的计费标准，但在执行过程中，估概预算编制人员未按定额〔2018〕40号的规定计取施工图文件审查费，仍按照《电网工程建设预算编制与计算规定（2013年版）》计列施工图文件审查费，导致施工图预算审查费计算错误。

（2）错误问题示例见图1-52。

序号	工程或费用名称	编制依据及计算说明	合价
3.3.2.1	基本设计费		310174
3.4.3	施工图文件审查费	(基本设计费)×2.5%	7754

施工图文件审查费的编制依据选择错误

图1-52　错误图示

某 110kV 架空输电线路工程，估算编制日期为 2018 年 10 月，却依据《电网工程建设预算编制与计算规定（2013 年版）》计列施工图文件审查费，计列依据错误。错误设计费计列依据如图 1-53 所示。

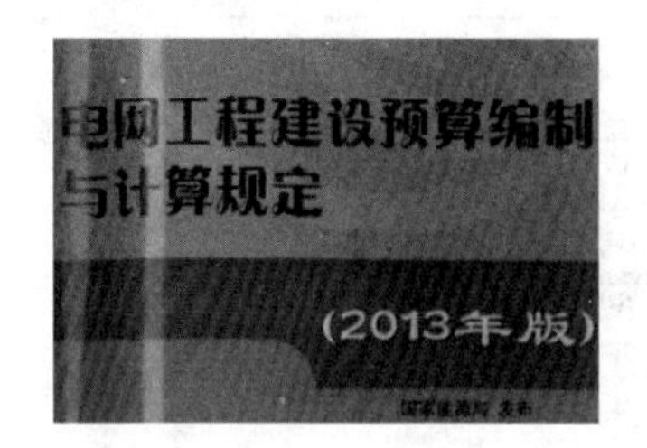

施工图文件审查费计算公式

施工图文件审查费=基本设计费×2.5%

图 1-53 错误设计费计列依据

（3）正确处理示例见图 1-54。

序号	工程或费用名称	编制依据及计算说明	合价
3.4.3	施工图文件审查费	4.6km×5000元/km	23000

图 1-54 正确图示

依据《电力工程造价与定额管理总站关于印发输变电工程施工图文件评审费用暂行规定的通知》（定额〔2018〕40 号）计取施工图文件审查费，正确设计费计列依据如图 1-55 所示。

电力工程造价与定额管理总站文件

定额〔2018〕40号

电力工程造价与定额管理总站关于印发输变电工程施工图文件评审费用暂行规定的通知

架空线路工程施工图文件评审费用暂行规定

电压等级	施工图阶段	
	线路长度(km)	评审费(万元/km)
35kV	5及以下	0.43
	5～10(含)	0.25
	10以下	0.20
110kV	5及以下	0.5
	5～10(含)	0.36

图 1-55 正确设计费计列依据

（4）参考依据。

《电力工程造价与定额管理总站关于印发输变电工程施工图文件评审费用暂行规定的通知》（定额〔2018〕40 号）

1.4.7 估概预算编制时，其他费用中计列了已被相关规定明确取消的项目费用

（1）案例描述。

估概预算编制时，编制人员未结合《电网工程建设预算编制与计算规定（2013 年版）》

及国家、行业或国网公司相关规定计列其他费用，重复计列2013年之后国家、行业或国网公司相关规定中明确取消的费用项目，导致其他费用多计费用项目。

（2）错误问题示例见图1-56。

其他费用估算表

表四			金额单位:元
序号	工程或费用名称	编制依据及计算说明	合价
5	生产准备费		187501
5.1	管理车辆购置费	设备购置费×0.45%	48825
5.2	工器具及办公家具购置费	(建筑工程费+安装工程费)×1.08%	104734
5.3	生产职工培训及提前进场费	(建筑工程费+安装工程费)×0.35%	33942

误将管理车辆购置费计入生产准备费中

图1-56 错误图示

某110kV变电站新建工程，送审估算中，估算编制人员依据《电网工程建设预算编制与计算规定（2013年版）》计列管理车辆购置费，导致计列错误。根据《国家电网公司工程其他费用财务管理办法》［国网（财/2）473—2014］第九条规定，取消项目法人管理费中的车辆购置费和生产准备费中的管理车辆购置费，确有需要时，按公司固定资产零购管理程序纳入公司年度综合计划和预算。

（3）正确处理示例见图1-57。

其他费用估算表

表四			金额单位:元
序号	工程或费用名称	编制依据及计算说明	合价
5	生产准备费		138676
5.2	工器具及办公家具购置费	(建筑工程费+安装工程费)×1.08%	104734
5.3	生产职工培训及提前进场费	(建筑工程费+安装工程费)×0.35%	33942

图1-57 正确图示

（4）参考依据。

《国家电网公司工程其他费用财务管理办法》（国网（财/2）473—2014）等规定

1.4.8 估概预算编制时，其他费计列未执行项目划分，费用归集错误

（1）案例描述。

估概预算编制时，出现项目前期工作费误列、错列费用项目等问题，主要是由于估算编制人员未严格执行《电网工程建设预算编制与计算规定（2013年版）》《国家电网公司办公厅转发中电联关于落实〈国家发改委关于进一步放开建设项目专业服务价格的通知〉的指导意见的通知》（办基建〔2015〕100号）等规定，将不属于项目前期工作费的费用计入了项目前期工作费。

（2）错误问题示例见图 1-58。

其他费用概算表

表四			金额单位:元
序号	工程或费用名称	编制依据及计算说明	合价
3	项目建设技术服务费		5733155
3.1	项目前期工作费		1777348
3.1.1	可行性研究费用	执行合同价	683000
3.1.2	环境监测验收费	(1800×18.5)	33300
3.1.4	水土保持项目验收及补偿费	(2100×18.5+12×667×2)	54858

误将环境监测验收费、水土保持项目验收及补偿费计入项目前期工作费中

图 1-58 错误图示

某 220kV 架空输电线路工程，送审概算中，环境监测验收费、水土保持项目验收及补偿费计入项目前期工作费中，但依据《电网工程建设预算编制与计算规定（2013 年版）》规定，环境监测验收费、水土保持项目验收及补偿费应计入工程建设检测费中。

（3）正确处理示例见图 1-59。

其他费用概算表

表四			金额单位:元
序号	工程或费用名称	编制依据及计算说明	合价
3	项目建设技术服务费		5733155
3.6	工程建设检测费		272170
3.6.1	电力工程质量检测费	(本体工程费)×0.23%	86512
3.6.3	环境监测验收费	(1800×18.5)	33300
3.6.4	水土保持项目验收及补偿费	(2100×18.5+12×667×2)	54858

图 1-59 正确图示

（4）参考依据。

《国家电网公司办公厅转发中电联关于落实〈国家发改委关于进一步放开建设项目专业服务价格的通知〉的指导意见的通知》（办基建〔2015〕100 号）

《电网工程建设预算编制与计算规定（2013 年版）》

1.4.9 初设阶段，基本预备费费率错误

（1）案例描述。

估概算编制时，基本预备费取费基数计算错误，主要由于估概算中建安工程费与相应的编制基准期价差分离，编制人员以［建筑工程费（不含编制基准期价差）＋安装工程费（不含编制基准期价差）＋设备购置费＋其他费用］作为基本预备费取费基数，但依据《电网工程建设预算编制与计算规定（2013 年版）》规定，基本预备费取费基数中

的建筑安装工程费应包含相应的编制基准期价差，因此造成基本预备费减少。

（2）错误问题示例见图 1-60。

变电工程总概算表

表一　建设规模

序号	工程或费用名称	建筑工程费	设备购置费	安装工程费	其他费用	合计
一	主辅生产工程	981	5171	1064		7216
(一)	主要生产工程	742	5171	1044		6957
(二)	辅助生产工程	239		20		259
二	与站址有关的单项工程	154				154
	小计	1135	5171	1064		7370
四	编制基准期价差	29		18		47
五	其他费用				994	994
	其中:建设场地征用及清理费				270	270
六	基本预备费				125	125

基本预备费未计算编制基准期价差，计算错误

图 1-60　错误图示

某 220kV 变电站新建工程，建筑工程费 1135 万元，安装工程费 1064 万元，设备购置费 5171 万元，编制基准期价差 47 万元，其他费用 994 万元，概算编制人员基本预备费取费基数中不含编制基准期价差。

基本预备费＝［建筑工程费（不含编制基准期价差）＋安装工程费（不含编制基准期价差）＋设备购置费＋其他费用］×费率＝（1135＋1064＋5171＋994）×1.5%＝125

（3）正确处理示例见图 1-61。

变电工程总概算表

表一　建设规模

序号	工程或费用名称	建筑工程费	设备购置费	安装工程费	其他费用	合计
一	主辅生产工程	981	5171	1064		7216
(一)	主要生产工程	742	5171	1044		6957
(二)	辅助生产工程	239		20		259
二	与站址有关的单项工程	154				154
	小计	1135	5171	1064		7370
四	编制基准期价差	29		18		47
五	其他费用				994	994
	其中:建设场地征用及清理费				270	270
六	基本预备费				126	126

图 1-61　正确图示

基本预备费＝（建筑工程费＋安装工程费＋设备购置费＋编制基准期价差＋其他费用）×费率＝（1135＋1064＋47＋5171＋994）×1.5%＝126

（4）参考依据。

《电网工程建设预算编制与计算规定（2013 年版）》

1.4.10 初设阶段，基本预备费费率错误

（1）案例描述。

初设阶段，基本预备费费率错误，可研阶段执行《电网工程建设预算编制与计算规定（2013 年版）》费率计列基本预备费，初设阶段执行《国家电网公司关于严格控制电网工程造价的通知》（国家电网基建〔2014〕85 号）费率计列基本预备费。但初设阶段，出现概算编制人员仍执行《电网工程建设预算编制与计算规定（2013 年版）》计列基本预备费，造成基本预备费费用增加。

（2）错误问题示例见图 1-62。

变电工程总概算表

表一　建设规模

序号	工程或费用名称	建筑工程费	设备购置费	安装工程费	其他费用	合计
一	主辅生产工程	506	1661	408		2575
(一)	主要生产工程	433	1661	408		2502
(二)	辅助生产工程	73				73
二	站外道路	35				35
	小计	541	1661	408		2610
三	编制期价差	9		6		15
四	其他费用				332	332
1	建设场地征用及清理费				51	51
五	基本预备费				74	74

基本预备费费率选用错误，导致基本预备费计算错误

图 1-62　错误图示

某 110kV 变电站新建工程，送审概算中，基本预备费费率按《电网工程建设预算编制与计算规定（2013 年版）》中的 2.5%（220kV 及以下新建变电站、换流站费率）计列。

基本预备费＝（建筑工程费＋安装工程费＋设备购置费＋其他费用）×费率＝（541＋1661＋408＋15＋332）×2.5%＝74

（3）正确处理示例见图 1-63。

变电工程总概算表

表一　建设规模

序号	工程或费用名称	建筑工程费	设备购置费	安装工程费	其他费用	合计
一	主辅生产工程	506	1661	408		2575
(一)	主要生产工程	433	1661	408		2502
(二)	辅助生产工程	73				73
二	站外道路	35				35
	小计	541	1661	408		2610
三	编制期价差	9		6		15
四	其他费用				332	332
1	建设场地征用及清理费				51	51
五	基本预备费				59	59

图 1-63　正确图示

初设阶段，基本预备费费率应按《国家电网公司关于严格控制电网工程造价的通知》（国家电网基建〔2014〕85号）中的2%（110kV及以下新建变电站、线路工程费率）计列。

基本预备费＝（建筑工程费＋安装工程费＋设备购置费＋其他费用）×费率＝（541＋1661＋408＋15＋332）×2%＝59

（4）参考依据。

《国家电网公司关于严格控制电网工程造价的通知》（国家电网基建〔2014〕85号）

1.4.11 估概预算评审时，工程估、概算表不全，没有按照预规要求提供

（1）案例描述。

估概预算评审时，发现部分设计单位，尤其是地市公司设计单位技经人员在估、概、预算送审时，部分工程估、概、预算表不全，没有按照《电网工程建设预算编制与计算规定（2013年版）》（简称《预规》）要求提供，常常仅提供总预（概、估）算表（表一）、专业汇总预（概、估）算表（表二）、其他费用预（概、估）算表（表四）、建设场地征用及清理费用预（概、估）算表（表七），其他相关表均未提供，给评审单位的评审工作造成困难。按照《预规》要求，送审资料应包括编制说明、总预（概、估）算表（表一）、专业汇总预（概、估）算表（表二）、安装、建筑工程预（概、估）算表（表三）、辅助设施工程预（概、估）算表（表三）、其他费用预（概、估）算表（表四）、建设场地征用及清理费用预（概、估）算表（表七）及附表附件。其中，附表附件应完整，应包括建设期贷款利息计算表、编制基准期价差计算表等。送审资料应有必要的附件或支持性文件、特殊项目费用的依据性文件及建设预算表等。

（2）错误问题示例见图1-64。

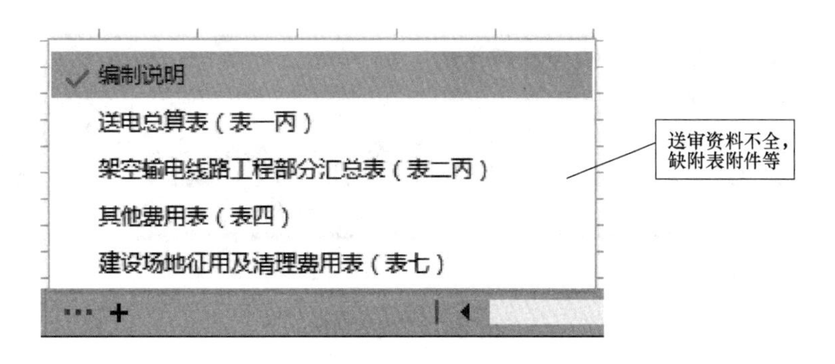

图1-64 错误图示

某架空输电线路工程，送审概算中，仅提供了表一、表二、表四及表七，没有按照《预规》要求提供。按照《预规》要求，送审资料应包括编制说明、总概算表（表一）、专业汇总概算表（表二）、安装、建筑工程概算表（表三）、其他费用概算表（表四）、建设场地征用及清理费用概算表（表七）及附表附件。

（3）正确处理示例见图 1-65。

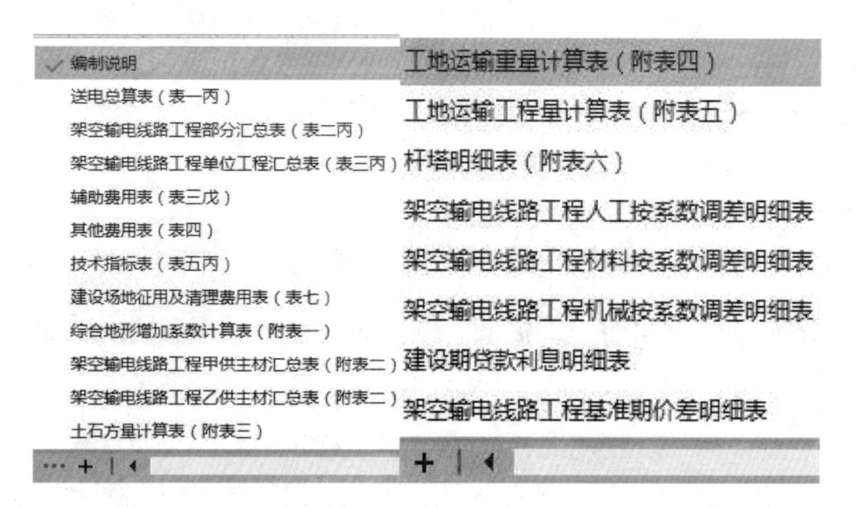

图 1-65　正确图示

（4）参考依据。

《电网工程建设预算编制与计算规定（2013 年版）》

1.4.12　初设阶段与通用造价、标准参考价、可研批复投资对比分析原因不清

（1）案例描述。

初设阶段，常出现编制人员在与通用造价、标准参考价或可研批复投资进行对比分析时，仅阐述造价差异情况，未详细说明造价差异的具体原因，造成造价变动原因不清晰，可能存在技术方案变动与造价变动不符，或技术方案变动不经济但未反映的情况。

（2）错误问题示例见图 1-66。

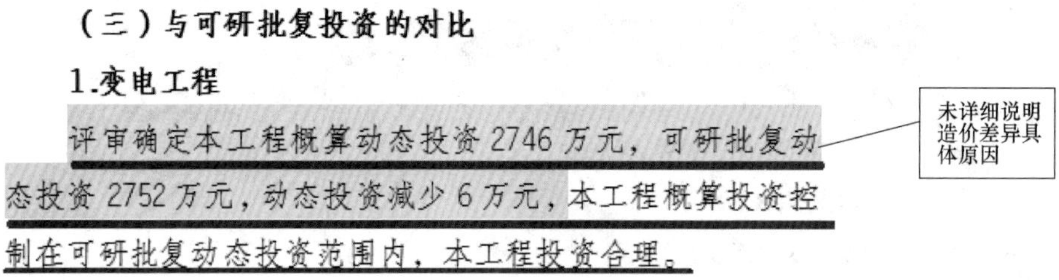

（三）与可研批复投资的对比

1.变电工程

评审确定本工程概算动态投资 2746 万元，可研批复动态投资 2752 万元，动态投资减少 6 万元，本工程概算投资控制在可研批复动态投资范围内，本工程投资合理。

未详细说明造价差异具体原因

图 1-66　错误图示

某变电站新建工程，送审概算中，在与可研批复投资对比分析时，仅阐述造价差异情况，未详细说明造价差异的具体原因。依据《国网宁夏经研院基建工程评审要点》，初设阶段，与通用造价、标准参考价、可研批复投资对比分析时，需说明造价差异情况，并详细论述造价差异原因。

（3）正确处理示例见图 1-67。

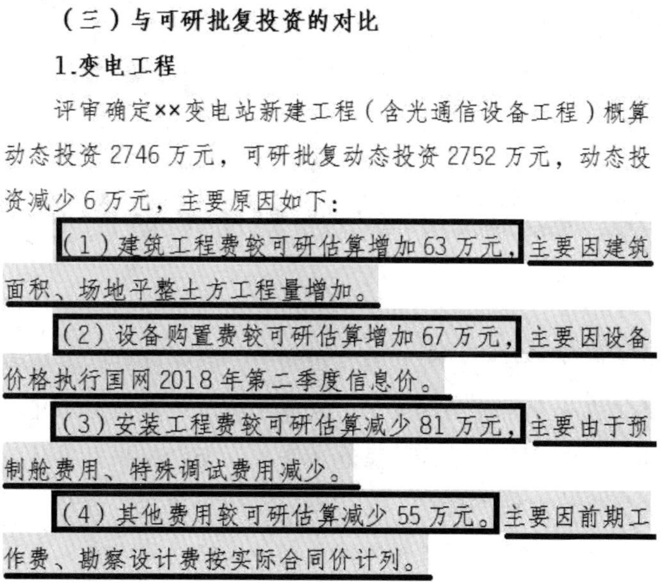

（三）与可研批复投资的对比

1.变电工程

评审确定××变电站新建工程（含光通信设备工程）概算动态投资2746万元，可研批复动态投资2752万元，动态投资减少6万元，主要原因如下：

（1）建筑工程费较可研估算增加63万元，主要因建筑面积、场地平整土方工程量增加。

（2）设备购置费较可研估算增加67万元，主要因设备价格执行国网2018年第二季度信息价。

（3）安装工程费较可研估算减少81万元，主要由于预制舱费用、特殊调试费用减少。

（4）其他费用较可研估算减少55万元。主要因前期工作费、勘察设计费按实际合同价计列。

图1-67　正确图示

（4）参考依据。

《国网宁夏经研院基建工程评审要点》

第2章 清单控制价编审典型案例

工程量清单是电网工程的分部分项工程项目、措施项目、其他项目、规费项目和税金的名称及相应数量等的明细清单；最高投标限价是招标人根据国家或省级、行业建设主管部门颁发的有关计价依据和办法，结合招标项目具体情况编制的投标限价，是招标人能接受的最高价格，是招标文件的重要组成部分，是评标的直接依据。准确编制工程量清单和最高投标限价是招标文件的基本要求，也是避免工程建设中争议的关键。为输变电工程工程量清单及最高投标限价编制提供借鉴，本章梳理了工程量清单编制、最高投标限价编制原则、清单计价规范使用、工程量编制、最高投标限价组价五方面的典型案例。

2.1 最高投标限价编制原则选择不准确

2.1.1 最高投标限价组价方式选择不准确

（1）案例描述。

施工招标最高投标限价编制过程中将组价方式选择为全费用综合单价，不符合《输变电工程工程量清单计价规范》（简称《清单计价规范》）要求。主要由于控制价编制软件提供全费用综合单价与综合单价2种形式，编制人员在编制最高投标限价时组价方式选择错误导致。

（2）错误问题示例见图2-1。

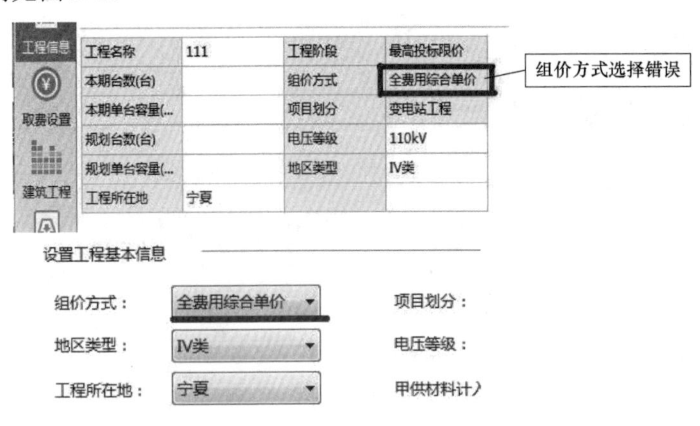

图2-1　错误图示

某变电站工程填写工程信息时，组价方式由综合单价错误选为全费用综合单价。

（3）正确处理示例见图 2-2。

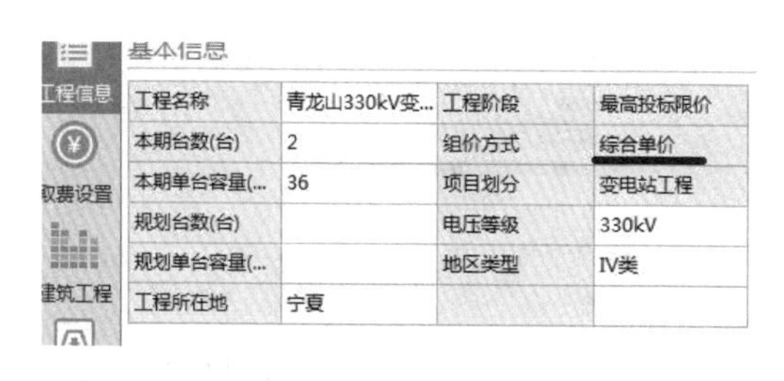
基本信息

工程名称	青龙山330kV变...	工程阶段	最高投标限价
本期台数(台)	2	组价方式	综合单价
本期单台容量(...	36	项目划分	变电站工程
规划台数(台)		电压等级	330kV
规划单台容量(...		地区类型	Ⅳ类
工程所在地	宁夏		

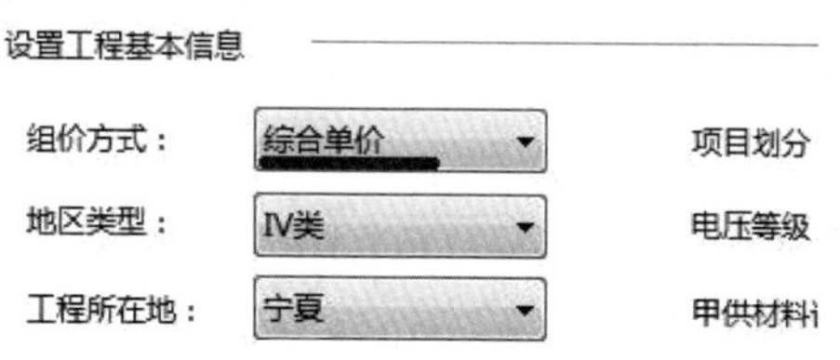

图 2-2　正确图示

（4）参考依据。

《输变电工程工程量清单计价规范》（Q/GDW 11337—2014）

2.1.2　最高投标限价采用人工、材机调整文件不符合规定

（1）案例描述。

施工招标最高投标限价编制过程中人工、材料机械调差系数文件选择及调差系数与最高限价编制期不符。最高投标限价中使用的人工、材料机械调差系数文件应严格按照招标期及《清单计价规范》《预规》及《电力建设工程概预算定额价格水平调整办法》执行。

（2）错误问题示例见图 2-3。

工程调差

建筑人工调差系数(%)	14.53	安装材料调差系数(%)	0.93
安装人工调差系数(%)	13.15	安装机械调差系数(%)	0.93
调差系数年份	2015年调差系数文件(44号文)		

调差系数文件选择错误

图 2-3　错误图示

某变电站工程最高投标限的编制期为 2018 年 8 月，其人工、材料机械调整文件使用的是 2016 年发布的 2015 年调差系数文件。

（3）正确处理示例见图 2-4。

工程调差

建筑人工调差系数(%)	22.09	安装材料调差系数(%)	1.02
安装人工调差系数(%)	20.09	安装机械调差系数(%)	1.02
调差系数年份	2017年调差系数文件(3号文)		

图 2-4 正确图示

最高投标限价编制期为 2018 年 8 月，其人工、材料机械调整文件应使用的是 2018 年发布的 2017 年调差系数文件。

（4）参考依据。

《输变电工程工程量清单计价规范》（Q/GDW 11337—2014）

《电网工程建设预算编制与计算规定（2013 年版）》

《电力建设工程概预算定额价格水平调整办法》（定额〔2014〕13 号）

2.1.3 最高限价编制将甲供材料计入综合单价要求与招标文件不符

（1）案例描述。

招标文件通常规定投标报价中不含甲供材料及税金，为保证最高投标限价费用编制原则与投标报价一致，在最高投标限价编制时甲供材料不应计入综合单价，以保障综合单价取费一致。

（2）错误问题示例见图 2-5。

▪2 投标报价说明

2.1 投标报价包含的费用：投标人的投标报价为在工程项目建设期和保修期内，完成招标文件的工作内容的各项费用，应包括人工、材料、机械、设备、施工管理、建设场地准备、临时设施、各种施工措施费、维护、利润、税金、包干预备费、政策性文件规定及合同包含的文明施工、标准工艺应用、安全措施、建设周边环境协调等所有风险、责任各项应有费用。同时投标人的投标报价还应包括按规定办理的各种施工手续费，为开展上述工作根据规定（包括地方文件规定）所缴纳的各种税费；工作协调费；工程质量监督费；工程中间验收、生产验收和竣工验收配合费；环保、水保、档案等专项验收配合费。（见工程量清单）

限价不包含甲供材税金，报价时投标人报价中不含甲供材税金。

其他

工程税率(%)	10	甲供材料计入综合单价	是

图 2-5 错误图示

本例最高投标限价编制时误将甲供材料计入综合单价，最后的综合单价与实际不一致，给清单结算造成困难。

（3）正确处理示例见图 2-6。

▪2 投标报价说明

2.1 投标报价包含的费用：投标人的投标报价为在工程项目建设期和保修期内，完成招标文件的工作内容的各项费用，应包括人工、材料、机械、设备、施工管理、建设场地准备、临时设施、各种施工措施费、维护、利润、税金、包干预备费、政策性文件规定及合同包含的文明施工、标准工艺应用、安全措施、建设周边环境协调等所有风险、责任各项应有费用。同时投标人的投标报价还应包括按规定办理的各种施工手续费，为开展上述工作根据规定（包括地方文件规定）所缴纳的各种税费；工作协调费；工程质量监督费；工程中间验收、生产验收和竣工验收配合费；环保、水保、档案等专项验收配合费。（见工程量清单）

限价不包含甲供材税金，报价时投标人报价中不含甲供材税金。

	甲供材料计入综合单价	否

图 2-6　正确图示

（4）参考依据。

《输变电工程工程量清单计价规范》（Q/GDW 11337—2014）

《国家电网公司关于进一步加强输变电工程设计施工监理招标管理工作的通知》（国网物资〔2014〕1115 号）

2.1.4　最高投标限价编制时乙供暂估专业工程、设备、材料未按要求设置为暂估价

（1）案例描述。

最高投标限价编制时，由于部分专业工程、设备、材料价格无法确定，为避免甲乙方风险，建设管理单位会要求此部分专业工程、设备、材料设置为暂估价，后续结算依据承包方招投标结果或者合同进行结算，但编制单位未按要求设置暂估价，导致甲乙双方均承担风险。

（2）错误问题示例见图 2-7。

其他项目清单计价表

工程名称：　　　　　　　　　　金额单位：元

序号	项目名称	金额	备注
一	招标人已列项目	3708208	
1	暂列金额		
2	暂估价	3570399	
2.1	建设场地征用及清理费	3570399	建设场地征用及清理费，据实报销
2.2	顶管工程费用	○	顶内径2.0m钢筋混凝土管，含降水、主林、工作井、接收井。据实报销

顶管工程费用未设置暂估价

图 2-7　错误图示

某电缆线路顶管工程，需要顶管直径为 2m 的钢筋混凝土管，由于此类管径较特殊，且变化较大，此类费用无法在招投标阶段确定，因此建设管理单位要求按暂估价计入控制价，后续有甲方参与乙方分包招投标时，再确定此专业工程价格。

（3）正确处理示例见图 2-8。

其他项目清单计价表

工程名称 金额单位：元

序号	项目名称	金额	备注
一	招标人已列项目	10602208	
1	暂列金额		
2	暂估价	10464399	
2.1	建设场地征用及清理费	3570399	建设场地征用及清理费，据实报销
2.2	顶管工程费用	6894000	顶内径2.0m钢筋混凝土管，含降水、主材、工作井、接收井。据实报销

图 2-8　正确图示

（4）参考依据。

《输变电工程工程量清单计价规范》（Q/GDW 11337—2014）

《电网工程建设预算编制与计算规定（2013 年版）》

（5）特别说明。

此类案例较突出，为工程结算留有严重隐患，且出现频率较高，需加以重视。

2.1.5　最高投标限价编制时未经建设管理单位同意将乙供设备、材料设置为暂估价

（1）案例描述。

最高投标限价编制时，编制人员未经建设管理单位同意将乙方采购的设备、材料设置为暂估价，造成后续结算时，此设备或材料按实际采购价结算，增加了甲乙双方的合同风险。

（2）错误问题示例见图 2-9。

	BA6104G1...	清 电缆防火设施	t	0.35	8297.08	2904	变电站安装	☐
	YD8-128	定 电缆防火设施安装 防火...	t	0.35	1724.19	603		
估	N03030113	主 电缆防火堵料 有机FZD	t	0.2	5408.62	1082		
估	N03030112	主 电缆防火堵料 无机 WS	t	0.15	2971.55	446		
	BA6104G1...	清 电缆防火设施	m²	5.94	4152.94	24668	变电站安装	☐
	YD8-131	定 电缆防火设施安装 防火墙	m²	5.94	13.01	77		
估	N03010107	主 防火发泡砖	m³	1.43	15996.55	22875		
	BA6104G1...	清 电缆防火设施	t	0.1	37480.43	3748	变电站安装	☐
	YD8-129	定 电缆防火设施安装 防火...	t	0.1	9097.11	910		
估	N03020106	主 防火涂料	t	0.1	18145	1815		

基本信息

供货方	乙供	主材类型	普通材料
预算价不含税	18145	损耗率(%)	0
预算价含税	21230	暂估价	☑

将乙方采购设备错误设置为暂估价

图 2-9　错误图示

此例错将乙方采购的设备、材料设置为暂估价，造成后续结算错误。

（3）正确处理示例见图 2-10。

BA6104G1...	清 电缆防火设施	t	0.35	8297.08	2904	变电站安装	□
YD8-128	定 电缆防火设施安装 防火...	t	0.35	1724.19	603		
N03030113	主 电缆防火堵料 有机FZD	t	0.2	5408.62	1082		
N03030112	主 电缆防火堵料 无机 WS	t	0.15	2971.55	446		
BA6104G1...	清 电缆防火设施	m²	5.94	4152.94	24668	变电站安装	□
YD8-131	定 电缆防火设施安装 防火墙	m²	5.94	13.01	77		
N03010107	主 防火发泡砖	m³	1.43	15996.55	22875		
BA6104G1...	清 电缆防火设施	t	0.1	37480.43	3748	变电站安装	□
YD8-129	定 电缆防火设施安装 防火...	t	0.1	9097.11	910		
N03020106	主 防火涂料	t	0.1	18145	1815		

基本信息

供货方	乙供	主材类型	普通材料
预算价不含税	5408.62	损耗率(%)	0
预算价含税	6274	暂估价	□

图 2-10 正确图示

（4）参考依据。

《输变电工程工程量清单计价规范》（Q/GDW 11337—2014）

（5）特别说明。

此类案例较突出，为工程结算留有严重隐患，且出现频率较高，需加以重视。

2.2 清单计价规范使用不准确

2.2.1 最高投标限价编制时采用工程量清单选取错误

（1）案例描述。

最高投标限价编制时，选取的工程量清单名称错误，错误的工程量清单其计算规则与工程量实际、工程量清单计价规范不一致，导致最高投标限价中的工程量与综合单价不匹配。如建筑工程挖一般土方与挖坑槽土方出现套用错误。

（2）错误问题示例见图 2-11。

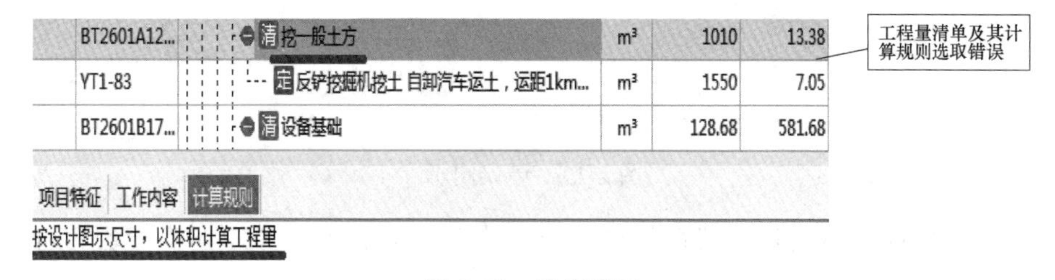

BT2601A12...	清 挖一般土方	m³	1010	13.38
YT1-83	定 反铲挖掘机挖土 自卸汽车运土，运距1km...	m³	1550	7.05
BT2601B17...	清 设备基础	m³	128.68	581.68

项目特征 工作内容 计算规则

按设计图示尺寸，以体积计算工程量

图 2-11 错误图示

某 35kV 电容器基础开挖，基坑底面积为 16m²，采用“挖一般土方”清单子目，其计算规则采用“按设计图示尺寸，以体积计算工程量”。但实际工程属于基坑，且底面积在 20m² 以内，属于工程量清单选取错误。

（3）正确处理示例见图 2-12。

BT2601A13...	清 挖坑槽土方	m³	1010
YT1-83	定 反铲挖掘机挖土 自卸汽车运土，运距1km...	m³	1650
BT2601B17...	清 设备基础	m³	128.68

项目特征　工作内容　计算规则

按基础垫层底面积[无垫层者为基础（坑、槽）底面积]乘以挖土深度计算

图 2-12　正确图示

应采用“挖坑槽土方”清单子目，其计算规则应为“按基础垫层底面积［无垫层者为基础（坑、槽）底面积］乘以挖土深度计算”。

（4）参考依据。

《输变电工程工程量清单计价规范》（Q/GDW 11337—2014）

《电力建设工程预算定额（2013 年版）　第一册　建筑工程》

（5）特别说明。

此类案例较突出，为工程结算留有严重隐患，且出现频率较高，需加以重视。

2.2.2　最高投标限价编制时工程量清单描述错误

（1）案例描述。

最高投标限价编制时，根据项目特征描述的工作内容及定额套用项目内容不一致，经常出现定额套用按照施工图实际内容套用，但清单描述为其他工作内容项。

（2）错误问题示例见图 2-13。

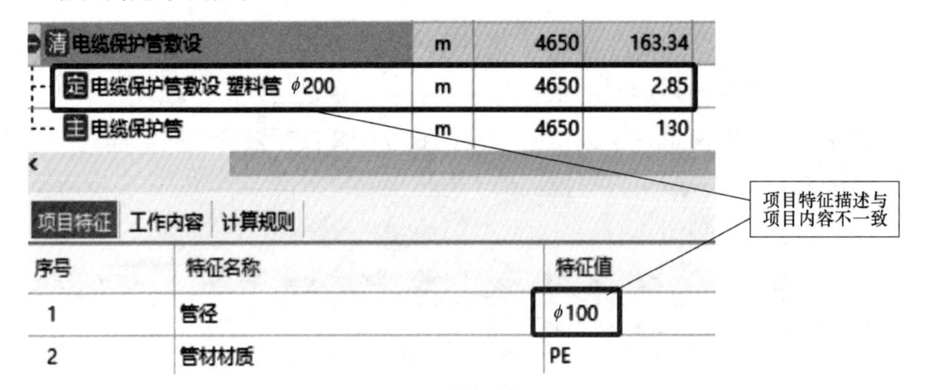

清 电缆保护管敷设	m	4650	163.34
定 电缆保护管敷设 塑料管 ϕ200	m	4650	2.85
主 电缆保护管	m	4650	130

项目特征　工作内容　计算规则

序号	特征名称	特征值
1	管径	ϕ100
2	管材材质	PE

图 2-13　错误图示

此例项目特征描述的管径特征值与定额套用项目内容不一致，实际项目管径特征值为ϕ200，填写项目特征描述文件时，错将特征值写为ϕ100。

（3）正确处理示例见图 2-14。

清 电缆保护管敷设	m	4650	141.33
定 电缆保护管敷设 塑料管 ϕ200	m	4650	2.85
主 电缆保护管	m	4650	112.07

项目特征　工作内容　计算规则

序号	特征名称	特征值
1	管径	ϕ200
2	管材材质	C-PVC管

图 2-14　正确图示

（4）参考依据。

《输变电工程工程量清单计价规范》（Q/GDW 11337—2014）

《电力建设工程预算定额（2013 年版）　第一册　建筑工程》

（5）特别说明。

此类案例较突出，为工程结算留有严重隐患，且出现频率较高，需加以重视。

2.2.3　最高投标限价编制时工程量清单描述漏项

（1）案例描述。

最高投标限价编制时定额套用内容较多，但清单描述内容漏项，造成部分最高投标限价已计列的费用项目，在工程量特征中未加以描述，容易造成工程费用增加。

（2）错误问题示例见图 2-15。

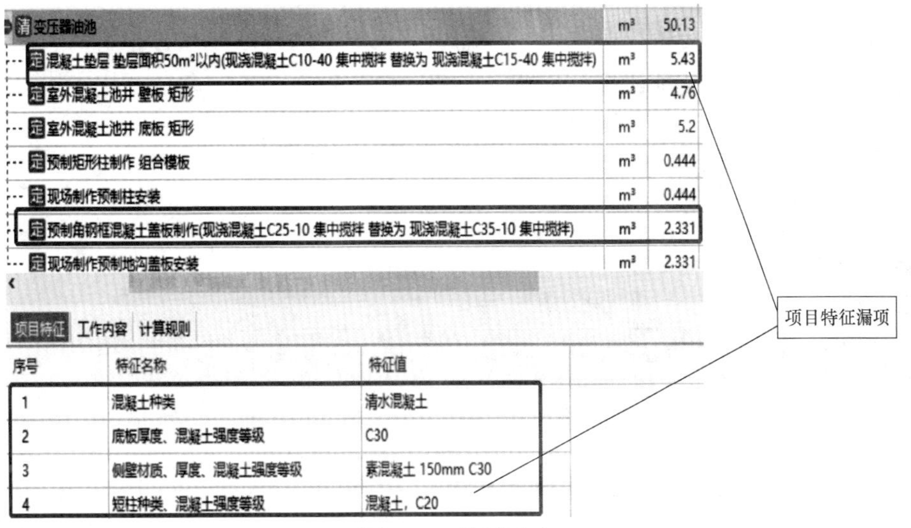

清 变压器油池	m³	50.13
定 混凝土垫层 垫层面积50m²以内(现浇混凝土C10-40 集中搅拌 替换为 现浇混凝土C15-40 集中搅拌)	m³	5.43
定 室外混凝土池井 壁板 矩形	m³	4.76
定 室外混凝土池井 底板 矩形	m³	5.2
定 预制矩形柱制作 组合模板	m³	0.444
定 现场制作预制柱安装	m³	0.444
定 预制角钢框混凝土盖板制作(现浇混凝土C25-10 集中搅拌 替换为 现浇混凝土C35-10 集中搅拌)	m³	2.331
定 现场制作预制地沟盖板安装	m³	2.331

项目特征　工作内容　计算规则

序号	特征名称	特征值
1	混凝土种类	清水混凝土
2	底板厚度、混凝土强度等级	C30
3	侧壁材质、厚度、混凝土强度等级	素混凝土 150mm C30
4	短柱种类、混凝土强度等级	混凝土，C20

图 2-15　错误图示

此例项目特征描述内容将 C15、C35 两项丢失，但定额套用内容有此两项，因此造成最高投标限价计列项目特征中未描述的费用，从而造成工程费用增加。

（3）正确处理示例见图 2-16。

项目	单位	工程量
清 变压器油池	m³	50.13
定 混凝土垫层 垫层面积50m²以内(现浇混凝土C10-40 集中搅拌 替换为 现浇混凝土C15-40 集中搅拌)	m³	5.43
定 室外混凝土池井 壁板 矩形	m³	4.76
定 室外混凝土池井 底板 矩形	m³	5.2
定 预制矩形柱制作 组合模板	m³	0.444
定 现场制作预制柱安装	m³	0.444
定 预制角钢框混凝土盖板制作(现浇混凝土C25-10 集中搅拌 替换为 现浇混凝土C35-10 集中搅拌)	m³	2.331
定 现场制作预制地沟盖板安装	m³	2.331

项目特征　工作内容　计算规则

序号	特征名称	特征值
1	垫层种类、混凝土强度等级、厚度	素混凝土 C15 100mm
2	混凝土种类	清水混凝土
3	底板厚度、混凝土强度等级	C30
4	侧壁材质、厚度、混凝土强度等级	素混凝土 150mm C30
5	盖板种类、混凝土强度等级	预制砼盖板，C35
6	短柱种类、混凝土强度等级	混凝土，C20

图 2-16　正确图示

（4）参考依据。

《输变电工程工程量清单计价规范》（Q/GDW 11337—2014）

《电力建设工程预算定额（2013 年版）　第一册　建筑工程》

（5）特别说明。

此类案例较突出，为工程结算留有严重隐患，且出现频率较高，需加以重视。

2.2.4　工程量清单编制说明出现明显错误或漏项

（1）案例描述。

最高投标限价编制时，编制总说明中漏项或说明不清，造成投标报价时存在不明确项，给后续投标造成答疑项或投标困难。主要问题为税金、不可竞争费用、甲乙供材料说明不准确等。

（2）错误问题示例见图 2-17。

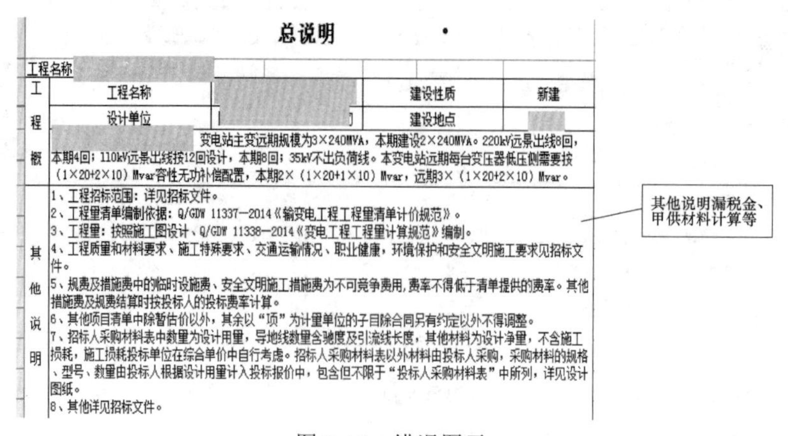

总说明

工程名称

工程概况	工程名称		建设性质	新建
	设计单位		建设地点	
	变电站主变远期规模为3×240MVA，本期建设2×240MVA。220kV远景出线8回，本期4回；110kV远景出线按12回设计，本期8回；35kV不出负荷线。本变电站远期每台变压器低压侧需要按（1×20+2×10）Mvar容性无功补偿配置，本期2×（1×20+1×10）Mvar，远期3×（1×20+2×10）Mvar。			
其他说明	1、工程招标范围：详见招标文件。 2、工程量清单编制依据：Q/GDW 11337—2014《输变电工程工程量清单计价规范》。 3、工程量：按照施工图设计、Q/GDW 11338—2014《变电工程工程量计算规范》编制。 4、工程质量和材料要求、施工特殊要求、交通运输情况、职业健康，环境保护和安全文明施工要求见招标文件。 5、规费及措施费中的临时设施费、安全文明施工措施费为不可竞争费用，费率不得低于清单提供的费率。其他措施费及规费结算时按投标人的投标费率计算。 6、其他项目清单中除暂估价以外，其余以“项”为计量单位的子目除合同另有约定以外不得调整。 7、招标人采购材料表中数量为设计用量，导地线数量含驰度及引流线长度，其他材料为设计净量，不含施工损耗，施工损耗投标单位在综合单价中自行考虑。招标人采购材料表以外材料由投标人采购，采购材料的规格、型号、数量由投标人根据设计用量计入投标报价中，包含但不限于“投标人采购材料表”中所列，详见设计图纸。 8、其他详见招标文件。			

图 2-17　错误图示

此部分的其他说明丢项、漏项“甲供材料不计入综合单价”“税金执行增值税税率，税率为 11%。”等，给投标造成困难。

（3）正确处理示例见图 2-18。

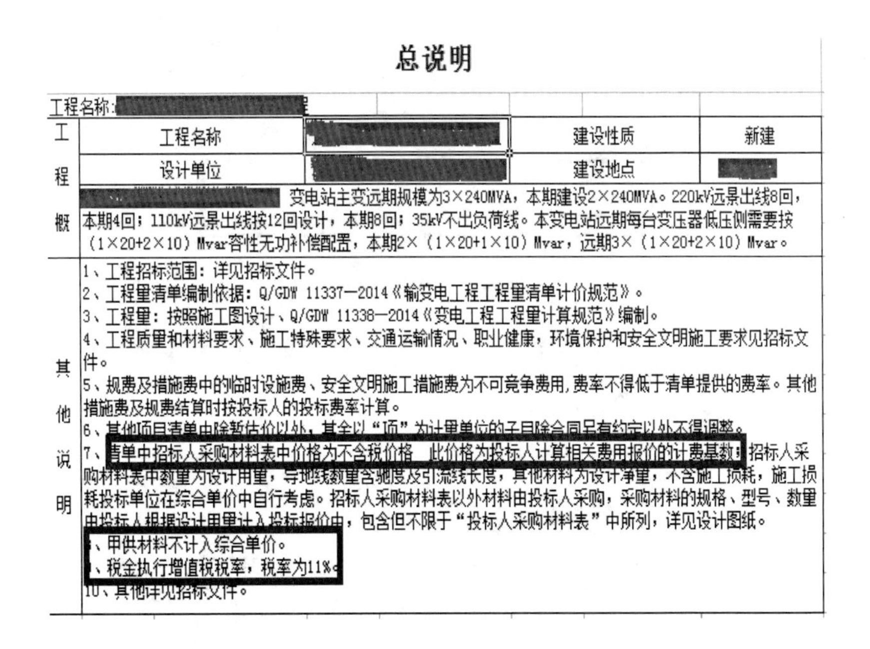

总说明

工程名称：[illegible]

工程概	工程名称	[illegible]	建设性质	新建
	设计单位	[illegible]	建设地点	[illegible]
	[illegible] 变电站主变远期规模为3×240MVA，本期建设2×240MVA。220kV远景出线8回，本期4回；110kV远景出线按12回设计，本期8回；35kV不出负荷线。本变电站远期每台变压器低压侧需要按（1×20+2×10）Mvar容性无功补偿配置，本期2×（1×20+1×10）Mvar，远期3×（1×20+2×10）Mvar。			
其他说明	1、工程招标范围：详见招标文件。 2、工程量清单编制依据：Q/GDW 11337—2014《输变电工程工程量清单计价规范》。 3、工程量：按照施工图设计、Q/GDW 11338—2014《变电工程工程量计算规范》编制。 4、工程质量和材料要求、施工特殊要求、交通运输情况、职业健康，环境保护和安全文明施工要求见招标文件。 5、规费及措施费中的临时设施费、安全文明施工措施费为不可竞争费用，费率不得低于清单提供的费率。其他措施费及规费结算时按投标人的投标费率计算。 6、其他项目清单中除暂估价以外，其余以“项”为计量单位的子目除合同另有约定以外不得调整。 7、清单中招标人采购材料表中价格为不含税价格，此价格为投标人计算相关费用报价的计费基数；招标人采购材料表中数量为设计用量，导地线数量含弛度及引流线长度，其他材料为设计净量，不含施工损耗，施工损耗投标单位在综合单价中自行考虑。招标人采购材料表以外材料由投标人采购，采购材料的规格、型号、数量由投标人根据设计用量计入投标报价中，包含但不限于“投标人采购材料表”中所列，详见设计图纸。 、甲供材料不计入综合单价。 、税金执行增值税税率，税率为11%。 10、其他详见招标文件。			

图 2-18　正确图示

（4）参考依据。

《输变电工程工程量清单计价规范》（Q/GDW 11337—2014）

（5）特别说明。

此类案例较突出，为工程结算留有严重隐患，且出现频率较高，需加以重视。

2.3　工程量编制不准确

2.3.1　最高投标限价编制时工程量工作内容定额套用工程量未执行定额工程量计算规则

（1）案例描述。

最高投标限价编制时，根据项目特征描述的工作内容及清单工作内容，其定额套用工程量计算规则与清单工程量计算规则不一致，应分别执行各自的套用规则。如定额工程量按照清单工程量执行，则造成最高投标限价偏低；如工程量清单工程量与定额工程量一致，则造成综合单价偏低。

（2）错误问题示例见图 2-19。

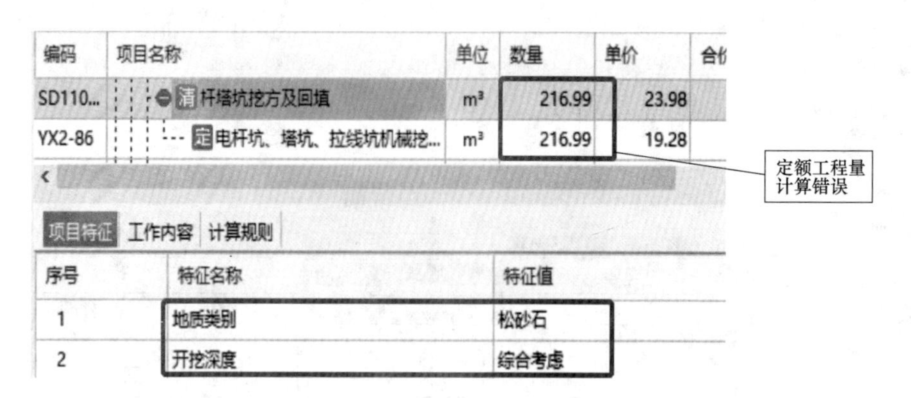

图 2-19 错误图示

此例将定额工程量按照清单工程量执行，造成最高投标限价偏低。

（3）正确处理示例见图 2-20。

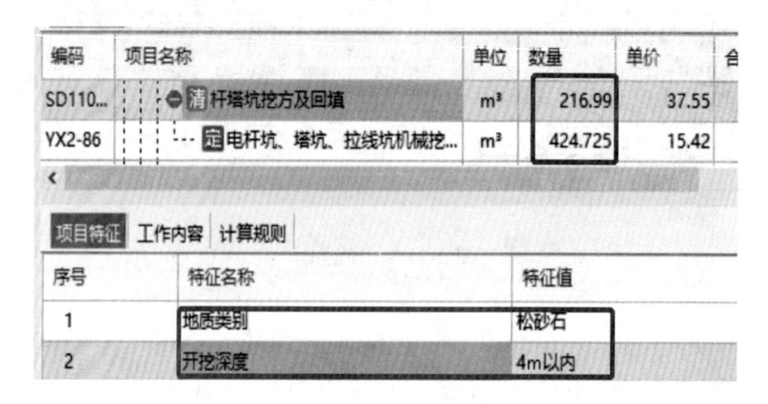

图 2-20 正确图示

松砂石地质定额工程量需考虑放坡系数，而清单工程量则不考虑放坡。

（4）参考依据。

《输变电工程工程量清单计价规范》（Q/GDW 11337—2014）

《电力建设工程预算定额（2013 年版） 第一册 建筑工程》

（5）特别说明。

此类案例较突出，为工程结算留有严重隐患，且出现频率较高，需加以重视。

2.3.2 最高投标限价编制时工程量存在明显逻辑错误

（1）案例描述。

工程量清单编制时，出现明显的技术工程量配置逻辑错误，由于工程量配置不合理从而造成控制价不准确。如变电站工程中 GIS 出线间隔与套管的配置。

（2）错误问题示例见图 2-21。

此例组合电器计数错误，项目特征描述中的组合电器总数为 6，工程量清单误将组合电器数计为 20，造成控制价不准确。

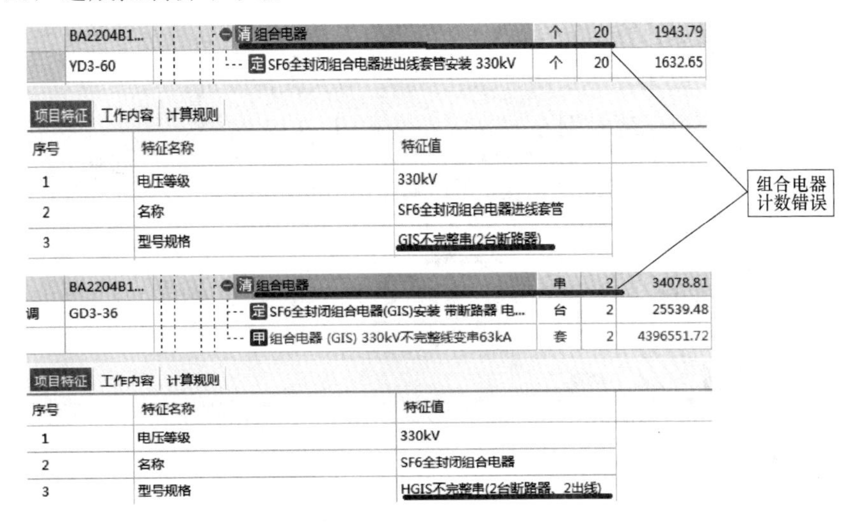

	编码	名称	单位	工程量	单价
	BA2204B1...	清 组合电器	个	20	1943.79
	YD3-60	定 SF6全封闭组合电器进出线套管安装 330kV	个	20	1632.65

项目特征 工作内容 计算规则

序号	特征名称	特征值
1	电压等级	330kV
2	名称	SF6全封闭组合电器进线套管
3	型号规格	GIS不完整串(2台断路器)

	编码	名称	单位	工程量	单价
	BA2204B1...	清 组合电器	串	2	34078.81
调	GD3-36	定 SF6全封闭组合电器(GIS)安装 带断路器 电...	台	2	25539.48
		甲 组合电器 (GIS) 330kV不完整线变串63kA	套	2	4396551.72

项目特征 工作内容 计算规则

序号	特征名称	特征值
1	电压等级	330kV
2	名称	SF6全封闭组合电器
3	型号规格	HGIS不完整串(2台断路器、2出线)

图 2-21 错误图示

（3）正确处理示例见图 2-22。

	编码	名称	单位	工程量	单价
	BA2204B1...	清 组合电器	个	6	1943.79
	YD3-60	定 SF6全封闭组合电器进出线套管安装 330kV	个	6	1632.65

项目特征 工作内容 计算规则

序号	特征名称	特征值
1	电压等级	330kV
2	名称	SF6全封闭组合电器进线套管
3	型号规格	GIS不完整串(2台断路器)

	编码	名称	单位	工程量	单价
	BA2204B1...	清 组合电器	串	2	34078.81
调	GD3-36	定 SF6全封闭组合电器(GIS)安装 带断路器 电...	台	2	25539.48
		甲 组合电器 (GIS) 330kV不完整线变串63kA	套	2	4396551.72

项目特征 工作内容 计算规则

序号	特征名称	特征值
1	电压等级	330kV
2	名称	SF6全封闭组合电器
3	型号规格	HGIS不完整串(2台断路器、2出线)

图 2-22 正确图示

（4）参考依据。

《输变电工程工程量清单计价规范》（Q/GDW 11337—2014）

《电力建设工程预算定额（2013 年版） 第一册 建筑工程》

（5）特别说明。

此类案例主要集中在土方平衡、变电站工程设备与调试的配置等方面，问题较突出，需加以控制。

2.3.3 最高投标限价编制时定额套用工程量远大于正常计算值，与清单工程量严重失实

（1）案例描述。

最高投标限价编制时，由于工程量清单工程量计算规则与定额工程量计算规则不一致，往往出现定额工程量较大，而清单工程量较小，最高投标限价工程量与清单工作内容工程量关联不精密，导致做大综合单价、做大投标限价。

（2）错误问题示例见图 2-23。

项目	单位	工程量	综合单价
清 杆塔坑挖方及回填	m³	904.4	433.39
- 定 电杆坑、塔坑、拉线坑人工挖方(或爆破)及回填 岩石(人工开凿) 坑深3.0m以内	m³	336	167.04
- 定 电杆坑、塔坑、拉线坑人工挖方(或爆破)及回填 岩石(人工开凿) 坑深4.0m以内	m³	456	177.1
- 定 电杆坑、塔坑、拉线坑人工挖方(或爆破)及回填 岩石(人工开凿) 坑深5.0m以内	m³	452	185.82

项目特征 工作内容 计算规则

序号	特征名称	特征值
1	地质类别	岩石(人工开凿)
2	开挖深度	综合考虑

图 2-23　错误图示

岩石地质定额工程量达 1244m^3，而清单工程量仅为 904.4m^3，考虑工作裕度量不合理，导致综合单价较高。

（3）正确处理示例见图 2-24。

项目	单位	工程量	综合单价
清 杆塔坑挖方及回填	m³	904.4	340.27
·· 定 电杆坑、塔坑、拉线坑人工挖方(或爆破)及回填 岩石(人工开凿) 坑深3.0m以内	m³	231.732	167.04
·· 定 电杆坑、塔坑、拉线坑人工挖方(或爆破)及回填 岩石(人工开凿) 坑深4.0m以内	m³	353.968	177.1
·· 定 电杆坑、塔坑、拉线坑人工挖方(或爆破)及回填 岩石(人工开凿) 坑深5.0m以内	m³	387.488	185.82

项目特征 工作内容 计算规则

序号	特征名称	特征值
1	地质类别	岩石(人工开凿)
2	开挖深度	综合考虑

图 2-24　正确图示

按照《电力建设工程预算定额（2013 年版） 第四册 线路工程》岩石地质不考虑放坡，可考虑一定量的工作裕度，工作裕度通常不应超过 10%。

（4）参考依据。

《输变电工程工程量清单计价规范》（Q/GDW 11337—2014）

《电力建设工程概（预）算定额（2013 年版）》

（5）特别说明。

此类案例较突出，为工程结算留有严重隐患，且出现频率较高，需加以重视。

2.4 最高限价组价未严格执行“预规”、定额及建管方规定

2.4.1 最高投标限价编制时自行虚列概算没有且建管单位未要求的费用

（1）案例描述。

最高投标限价编制时，编制人员未经建设管理单位同意，自行增加审定概算及评审施工图预算没有的分部分项清单项、措施费清单项及其他费用清单项，造成最高限价费用增加或超过同口径概算、预算费用。

（2）错误问题示例见图 2-25。

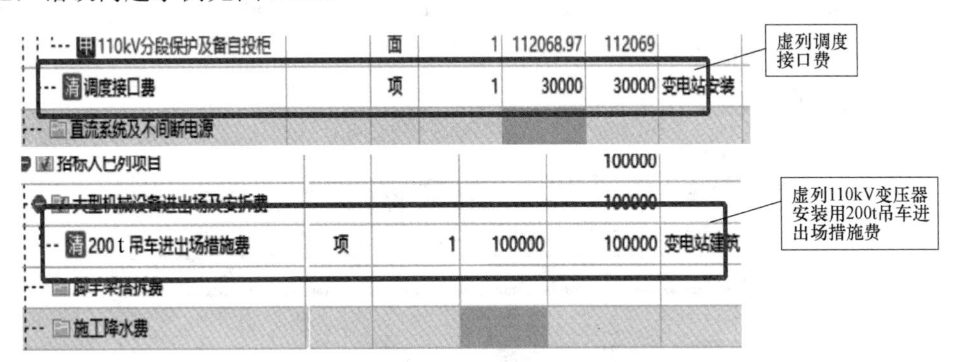

图 2-25 错误图示

该例的概算费用中无调度接口费、200t 吊车进出场措施费，编制人员误将其列入，使最高限价费用增加。

（3）正确处理示例见图 2-26。

建筑工程概算表

表三乙　　　　金额单位：元

序号	编制依据	项目名称及规格	单位	数量	单价		合价	
					建筑费	其中：人工费	建筑费	其中：人工费
		建筑工程					35549636	2797748
5		冬季施工措施费					1444148	120477
	BG-YT4-8	混凝土养护保温措施 独立基础、筏式基础、箱式基础（包括承台）100m³以下	m³	2100.000	460.28	57.37	966588	120477
		小计：					966588	120477
	一	直接费	元				1056675	
	1	直接工程费	元				966588	
	1.1	人工费	元				120477	
	1.2	材料费	元				817614	

编码	名称	单位	数量	单价	合价
一	招标人已列项目				1151249
	垂直运输费				
	冬季施工措施费				1151249
B00001	冬季施工措施费	m³	2100	548.21	1151249
BG-YT4...	混凝土养护保温措施 独立基...		2100	460.28	966588

图 2-26 正确图示

最高投标限价编制时，应按批准概算及建设管理单位要求、工程进度计划正确计列

冬季施工措施费。

（4）参考依据。

《输变电工程工程量清单计价规范》（Q/GDW 11337—2014）

《××工程初步设计概算》

《××工程施工图预算》

2.4.2 最高投标限价编制时同一工作内容在不同工程量中重复套用定额

（1）案例描述。

最高投标限价编制时，同一个工作内容在不同工程量清单中重复套用，或者将本应包含在工程量清单里的某一项工作内容，再次重复套用工程量清单及定额组价，造成最高投标限价增大，增加投资。

（2）错误问题示例见图 2-27。

名称	单位	工程量	单价
站区道路及广场			
清 道路	m²	5934	258.86
定 道路与场地地坪 混凝土面层(现浇混凝土C25-40 集...	m³	1958.22	369.04
定 道路与场地地坪 泥结碎石路面	m³	1780.2	121.41
清 道路垫层	m³	1780.2	213.82
定 道路与场地地坪 泥结碎石路面	m³	1780.2	121.41

泥结碎石路面重复套用

项目特征 工作内容 计算规则

序号	特征名称	特征值
1	面层材质、厚度、强度等级	C35混凝土面层
2	垫层材质、厚度、强度等级	水泥结级碎石

图 2-27 错误图示

本例中“泥结碎石路面”在道路清单、道路垫层清单中重复套用，造成最高投标限价增大。

（3）正确处理示例见图 2-28。

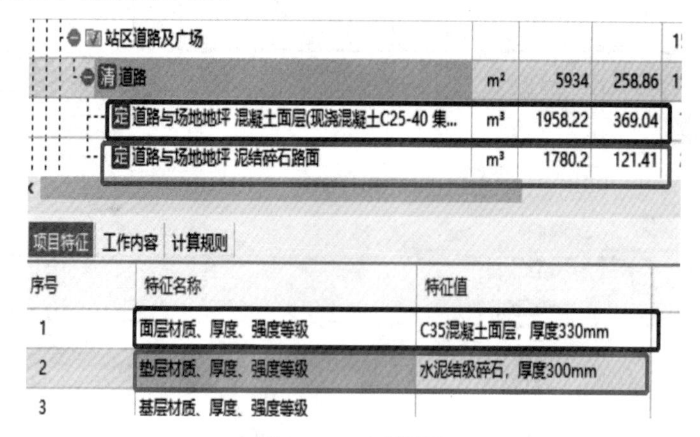

名称	单位	工程量	单价
站区道路及广场			
清 道路	m²	5934	258.86
定 道路与场地地坪 混凝土面层(现浇混凝土C25-40 集...	m³	1958.22	369.04
定 道路与场地地坪 泥结碎石路面	m³	1780.2	121.41

项目特征 工作内容 计算规则

序号	特征名称	特征值
1	面层材质、厚度、强度等级	C35混凝土面层，厚度330mm
2	垫层材质、厚度、强度等级	水泥结级碎石，厚度300mm
3	基层材质、厚度、强度等级	

图 2-28 正确图示

（4）参考依据。

《输变电工程工程量清单计价规范》（Q/GDW 11337—2014）

《电力建设工程预算定额（2013 年版） 第一册 建筑工程》

2.4.3 最高投标限价编制时定额套用损耗量虚大

（1）案例描述。

最高投标限价编制时，装置性材料耗损率不符合定额耗损规定，自行增加主材耗损率造成综合单价增加，最高投标限价增大，且不符合概算预算编制规定。

（2）错误问题示例见图 2-29。

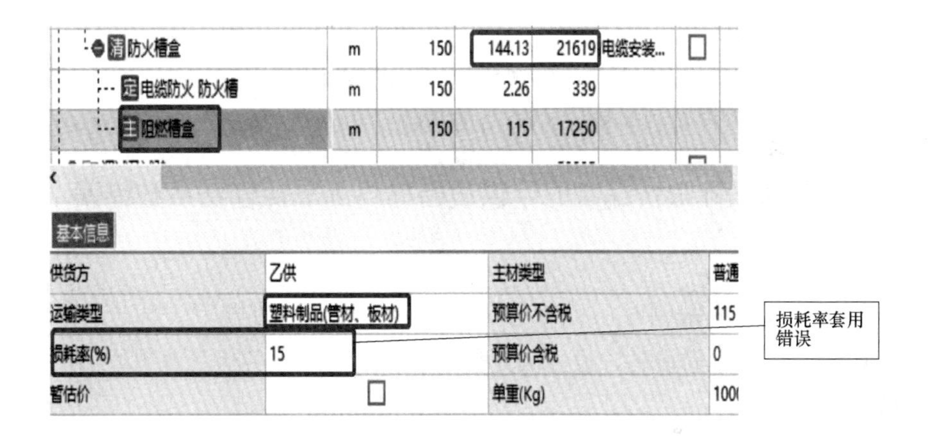

图 2-29 错误图示

此例定额损耗率应为 5%，编制人员自行增加损耗率，将其改为 15%，使最高投标限价增大。

（3）正确处理示例见图 2-30。

清 防火槽盒	m	150	131.92	19788	电缆安装...
定 电缆防火 防火槽	m	150	2.26	339	
主 阻燃槽盒	m	150	115	17250	

基本信息

供货方	乙供	主材类型
运输类型	塑料制品(管材、板材)	预算价不含税
损耗率(%)	5	预算价含税

图 2-30 正确图示

最高投标限价编制时，应选用正确的材料损耗率。最高限价材料损耗率套用依据如图 2-31 所示。

未计价材料损耗率

材料名称	损耗率（%）	序号	材料名称	损耗率（%）
线、铝线、钢线、钢芯铝绞线）	1.3	11	螺栓	2.0
绝缘导线	1.8	12	绝缘子类	2.0
电力电缆	1.0	13	一般灯具及附件，刀开关	1.0
控制电缆、通信电缆	1.5	14	塑料制品（槽、板、管）	5.0

图 2-31　最高限价材料损耗率套用依据

（4）参考依据。

《输变电工程工程量清单计价规范》（Q/GDW 11337—2014）

《电力建设工程预算定额（2013 年版）》

2.4.4　最高投标限价编制时甲供设备材料卸车保管费系数错误

（1）案例描述。

最高投标限价编制时，将《电网工程建设预算编制与计算规定（2013 年版）》中规定属于主要设备的设备，设置成为普通设备，造成设备保管费用增加，增大最高投标限价。

（2）错误问题示例见图 2-32。

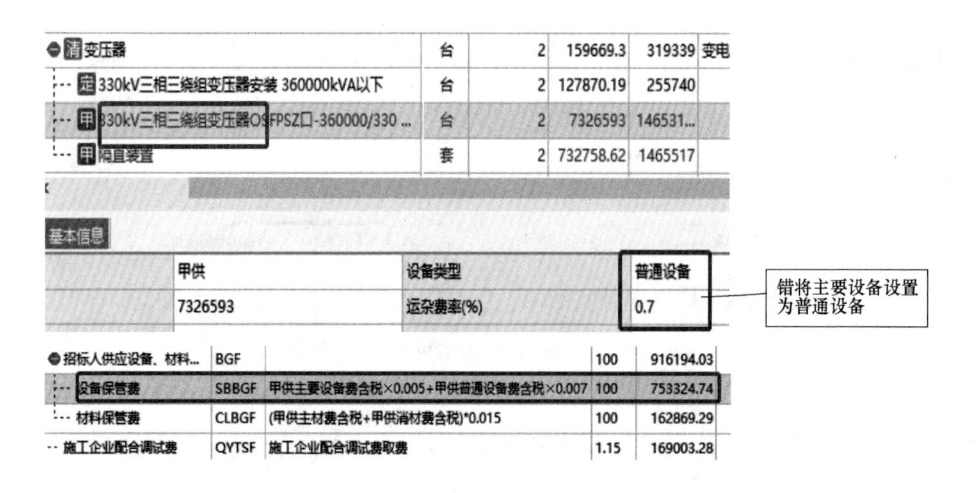

图 2-32　错误图示

错将主要设备设置为普通设备，由于普通设备运杂费率为 0.7%，而主要设备的运杂费率为 0.5%，因而使运杂费率提高，增加费用。

（3）正确处理示例见图 2-33。

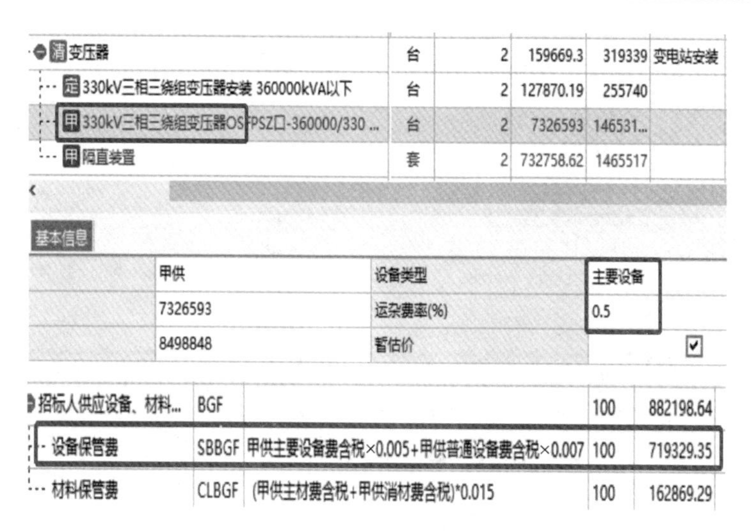

图 2-33　正确图示

（4）参考依据。

《输变电工程工程量清单计价规范》（Q/GDW 11337—2014）

《电网工程建设预算编制与计算规定（2013 年版）》

2.4.5　最高投标限价编制时规费、措施费取费系数错误或漏记

（1）案例描述。

营业税改增值税（简称营改增）后措施费、规费系数发生两次变化，编制最高投标限价时，措施费系数未采用最新规定系数，出现架空线路工程取夜间施工费、取费系数错误等诸多问题。另外，规费指工程所在省、区、市社会保障机构颁布的以工资总额为计取基数的基本养老保险、失业保险、基本医疗保险、工伤保险及生育保险费费率之和，应以政府部门颁布的费用为准。

（2）错误问题示例见图 2-34。

[招标控制价 330kV线路工程.s d9(最高投标限价)-2014版清单规范]

安装工程

序号	项目名称	代码	取费基数	费率(%)	金额
—	招标人已列项目	YLXM			
1	冬雨季施工增加费	DYF	人工费-人工价差-(大型土石方线路人工费-大型土石方线路人工价差)	10.54	304345.01
2	夜间施工增加费	YSF	人工费-人工价差-(大型土石方线路人工费-大型土石方线路人工价差)	1.02	29452.74
3	施工工具用具使用费	SYF	人工费-人工价差-(大型土石方线路人工费-大型土石方线路人工价差)	4.98	143798.69
4	特殊地区施工增加费	TSF	人工费-人工价差-(大型土石方线路人工费-大型土石方线路人工价差)	0	
5	临时设施费	LSF	直接工程费-甲供材料进项税额-(大型土石方线路直接工程费-大型土石方线路甲供材料进项税额)	2.13	474691.8
6	施工机构迁移费	ZYF	人工费-人工价差-(大型土石方线路人工费-大型土石方线路人工价差)	2.58	74498.11
7	安全文明施工费	WMF	直接工程费-甲供材料进项税额-(大型土石方线路直接工程费-大型土石方线路甲供材料进项税额)	2.93	652979.8

夜间施工增加费费率选取错误

图 2-34　错误图示

依据最新规定系数，夜间施工增加费费率为 0，此例误用旧的系数，费率选为 1.02%，因此导致费用增加。

（3）正确处理示例见图 2-35。

安装工程

序号	项目名称	代码	取费基数	费率(%)	金额
一	招标人已列项目	YLXM			
1	冬雨季施工增加费	DYF	人工费-人工价差-(大型土石方线路人工费-大型土石方线路人工价差)	10.54	304345.01
2	夜间施工增加费	YSF	人工费-人工价差-(大型土石方线路人工费-大型土石方线路人工价差)	0	
3	施工工具用具使用费	SYF	人工费-人工价差-(大型土石方线路人工费-大型土石方线路人工价差)	4.98	143798.69
4	特殊地区施工增加费	TSF	人工费-人工价差-(大型土石方线路人工费-大型土石方线路人工价差)	0	
5	临时设施费	LSF	直接工程费-甲供材料进项税额-(大型土石方线路直接工程费-大型土石方线路甲供材料进项税额)	2.13	474691.8
5	施工机构迁移费	ZYF	人工费-人工价差-(大型土石方线路人工费-大型土石方线路人工价差)	2.58	74498.11
7	安全文明施工费	WMF	直接工程费-甲供材料进项税额-(大型土石方线路直接工程费-大型土石方线路甲供材料进项税额)	2.93	652979.8

图 2-35　正确图示

（4）参考依据。

《输变电工程工程量清单计价规范》（Q/GDW 11337—2014）

《电网工程建设预算编制与计算规定（2013 年版）》

2.4.6　最高投标限价编制时未经建设管理单位同意增加概预算没有的措施费取费项目

（1）案例描述。

最高投标限价编制时，编制人员自行增加概算、施工图预算没有的措施费项目，造成最高投标限价增加。如确需增加需经过建设管理单位书面批准，并在概算或施工图预算中计列后增加该费用项目。

（2）错误问题示例见图 2-36。

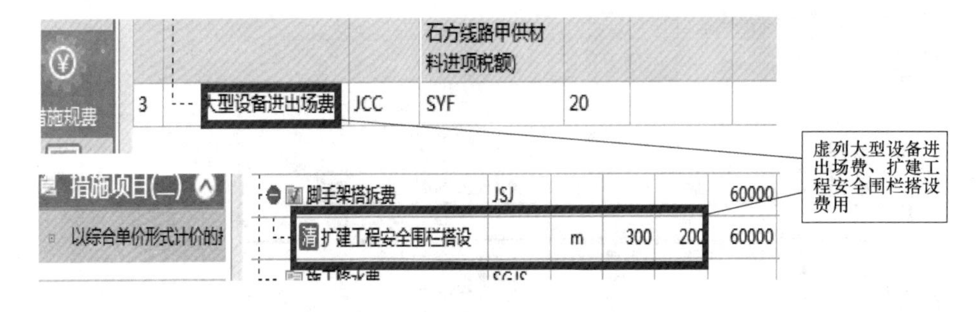

图 2-36　错误图示

概算中无大型设备进出场费，也无扩建工程安全围栏费用，但投标限价中编制时在措施费一中增加了大型设备进出场费，在措施费二中虚列了扩建工程安全围栏搭设费用。

（3）正确处理示例见图 2-37。

架空输电线路安装工程费用汇总概算表

表二甲

序号	工程或费用名称	取费基数	费率(%)
2	措施费		
2.1	冬雨季施工增加费		10.54
2.2	夜间施工增加费	当架线	
2.3	施工工具用具使用费		4.98
2.4	特殊地区施工增加费		
2.5	临时设施费		2.13
2.6	施工机构迁移费		3.26
2.7	安全文明施工费		2.93

图 2-37　正确图示

严格按照概算、施工图预算计列措施费，概算未计列或无建管单位书面同意不得增加措施费项目，本工程措施费严格按照概算、预算计列。

（4）参考依据。

《输变电工程工程量清单计价规范》（Q/GDW 11337—2014）

《电网工程建设预算编制与计算规定（2013 年版）》

2.4.7　最高投标限价编制时未经建设管理单位同意增加定额调整系数

（1）案例描述。

最高投标限价编制时，违规采取批量调整或者单项调整的方式，增加了部分清单项目定额基价系数或人工、材料、机械增加调整系数，造成最高投标限价增加。

（2）错误问题示例见图 2-38。

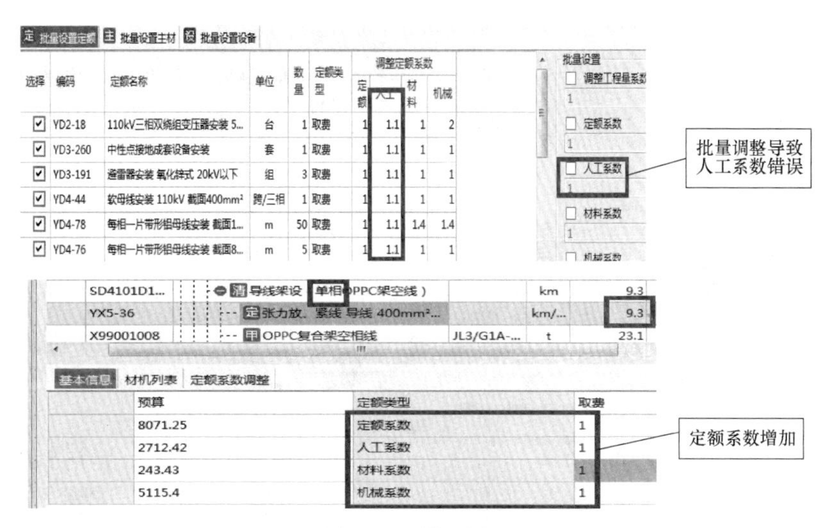

图 2-38　错误图示

本例误将人工调整系数批量调整为1.1；又由于定额基价系数为0.33，批量调整导致定额基价系数改为1，因而造成最高投标限价增加。

（3）正确处理示例见图2-39。

定 批量设置定额 主 批量设置主材 设 批量设置设备

选择	编码	定额名称	单位	数量	定额类型	调整定额系数			
						定额	人工	材料	机械
☑	YD2-18	110kV三相双绕组变压器安装 50...	台	1	取费	1	1.4	1	2
☑	YD3-260	中性点接地成套设备安装	套	1	取费	1	1	1	1
☑	YD3-191	避雷器安装 氧化锌式 20kV以下	组	3	取费	1	1	1	1
☑	YD4-44	软母线安装 110kV 截面400mm²	跨/三相	1	取费	1	1	1	1
☑	YD4-78	每相一片带形铝母线安装 截面12...	m	50	取费	1	1.4	1.4	1.4
☑	YD4-76	每相一片带形铝母线安装 截面80...	m	5	取费	1	1	1	1

	编码	名称	规格	单位	数量
	SD4101D1	清 导线架设（单相OPPC架空线）		km	9.3
调	YX5-36	定 张力放、紧线 导线 400mm²...		km/...	9.3
	X99001008	主 OPPC复合架空相线	JL3/G1A-...	t	23.1

基本信息 材机列表 定额系数调整

预算	定额类型	取费
8071.25	定额系数	0.33
2712.42	人工系数	1
243.43	材料系数	1
5115.4	机械系数	1

图2-39　正确图示

（4）参考依据。

《输变电工程工程量清单计价规范》（Q/GDW 11337—2014）

《电力建设工程预算定额（2013年版）》

2.4.8 线路工程最高投标限价编制时人运、汽运运距不符合概预算及定额编制规定

（1）案例描述。

最高投标限价编制时，人运、汽运运距不符合概算或施工图预算，随意增加人力运输及汽车运输距离，如人力运输距离不统一，砂子、石子包含了汽车运输等，造成最高投标限价增大。

（2）错误问题示例见图2-40。

材机分析 工程费用 报表输出

运输设置

运输方式	材料运输	黄砂	石子	水泥	水	余土外运
人力运...	0.3	0.5	0.5	0.3	0.2	0
人力运...	100	100	100	100	100	100
汽车运...	10	10	10	10	10	0
汽车运...	100	100	100	100	100	100
汽车装...	100	100	100	100	100	100

人力运输距离不统一

黄砂、石子错误包含了汽车运输

图2-40　错误图示

（3）正确处理示例见图 2-41。

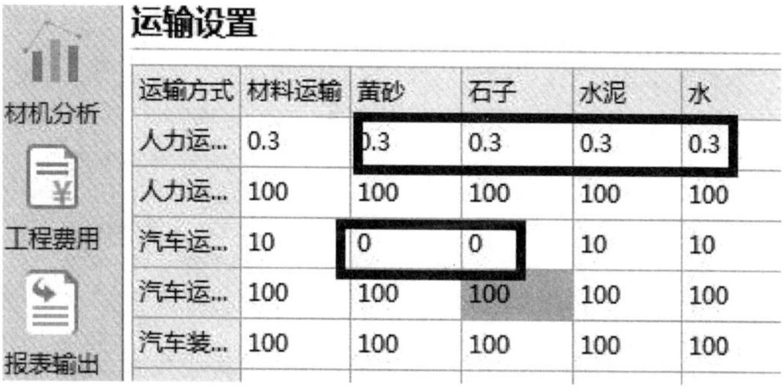

材机分析　工程费用　报表输出

运输设置

运输方式	材料运输	黄砂	石子	水泥	水
人力运...	0.3	0.3	0.3	0.3	0.3
人力运...	100	100	100	100	100
汽车运...	10	0	0	10	10
汽车运...	100	100	100	100	100
汽车装...	100	100	100	100	100

图 2-41　正确图示

人运、汽运运距应按照正确的规定运行计算，最高限价运距计列依据如图 2-42 所示。

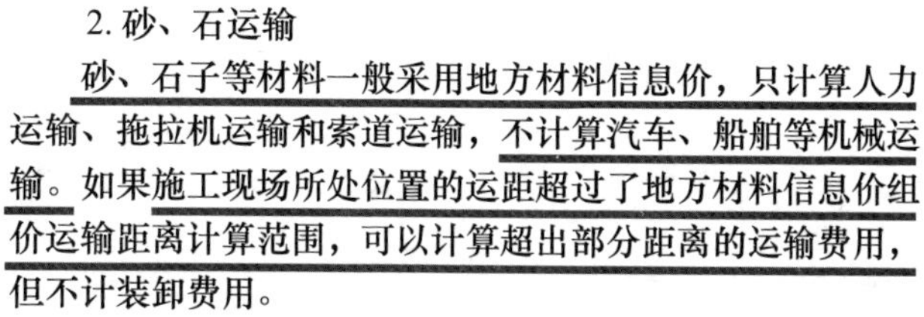

2. 砂、石运输

砂、石子等材料一般采用地方材料信息价，只计算人力运输、拖拉机运输和索道运输，不计算汽车、船舶等机械运输。如果施工现场所处位置的运距超过了地方材料信息价组价运输距离计算范围，可以计算超出部分距离的运输费用，但不计装卸费用。

图 2-42　最高限价运距计列依据

（4）参考依据。

《输变电工程工程量清单计价规范》（Q/GDW 11337—2014）

《电力建设工程预算定额使用指南（2013 年版）　第一册　建筑工程》

2.5　工程量清单编制的相关问题

2.5.1　工程量清单工程量与同工程最高投标限价工程量不一致

（1）案例描述。

工程量清单编制时，部分工程量清单工程量与同工程量最高投标限价工程量清单工程量不一致，无论增加还是减少均会造成最高投标限价与其对应的工程量清单不准确，从而造成甲乙双方费用损失或造成投标疑虑。

（2）错误问题示例见图 2-43。

本例的建筑分部分项工程量清单中的工程量与计价表中的工程量不一致，造成甲乙双方费用损失。

建筑分不分项最高投标限价工程量清单计价表

工程名称：[illegible]程（电缆部分）

序号	项目编码	项目名称	项目特征	计量单位	工程量	单价		合价	
						综合单价	其中：人工费	合计	其中：人工费
		电缆建筑						22429513	5488842
	LT11	1 土石方						5364291	2653854
	LT1101	1.1 土石方挖填						5364291	2653854
1	LT1101A11001	沟槽挖方及回填（普通土 电缆沟，含加宽段）	1. 地质类别：普通土 2. 挖土深度：3.0m以内	m³	19094.5	17.46	4.62	333471	88225
2	LT1101A11002	沟槽挖方及回填（流沙 电缆沟，含加宽段）	1. 地质类别：流沙坑 2. 挖土深度：4.0m以内	m³	14219.31	256.15	135.19	3642294	1922360

建筑分部分项工程量清单

工程名称：[illegible]（电缆部分）

序号	项目编码	项目名称	项目特征	计量单位	工程量
1	LT1101A11001	沟槽挖方及回填（普通土 电缆沟，含加宽段）	1. 地质类别：普通土 2. 挖土深度：3.0m以内	m³	14688.08
2	LT1101A11002	沟槽挖方及回填（流沙 电缆沟，含加宽段）	1. 地质类别：流沙坑 2. 挖土深度：4.0m以内	m³	10937.93

工程量清单与最高投标限价清单工程量不一致

图 2-43 错误图示

（3）正确处理示例见图 2-44。

建筑分部分项工程量清单计价表

工程名称：[illegible]程（电缆部分）

序号	项目编码	项目名称	项目特征	计量单位	工程量	单价		合价	
						综合单价	其中：人工费	合计	其中：人工费
		电缆建筑						22429513	5488842
	LT11	1 土石方						5364291	2653854
	LT1101	1.1 土石方挖填						5364291	2653854
1	LT1101A11001	沟槽挖方及回填（普通土 电缆沟，含加宽段）	1. 地质类别：普通土 2. 挖土深度：3.0m以内	m³	19094.5	17.46	4.62	333471	88225
2	LT1101A11002	沟槽挖方及回填（流沙 电缆沟，含加宽段）	1. 地质类别：流沙坑 2. 挖土深度：4.0m以内	m³	14219.31	256.15	135.19	3642294	1922360

建筑分部分项工程量清单

工程名称：[illegible]程（电缆部分）

序号	项目编码	项目名称	项目特征	计量单位	工程量
1	LT1101A11001	沟槽挖方及回填（普通土 电缆沟，含加宽段）	1. 地质类别：普通土 2. 挖土深度：3.0m以内	m³	19094.50
2	LT1101A11002	沟槽挖方及回填（流沙 电缆沟，含加宽段）	1. 地质类别：流沙坑 2. 挖土深度：4.0m以内	m³	14219.31

图 2-44 正确图示

（4）参考依据。

《输变电工程工程量清单计价规范》（Q/GDW 11337—2014）

2.5.2 工程量清单工程量计量单位错误

（1）案例描述。

工程量清单工程量计量单位错误，容易造成其综合单价与给定工程量不匹配，导致无法投标，或者造成报价严重失衡无法结算，此类问题主要出现在“m”“km”；“kg”“t”；“m^2”“m^3”等单位应用上，另外还存在工程量清单工程量单位与控制价工程量单位不一致，造成费用增加及投标、结算风险。

（2）错误问题示例见图 2-45。

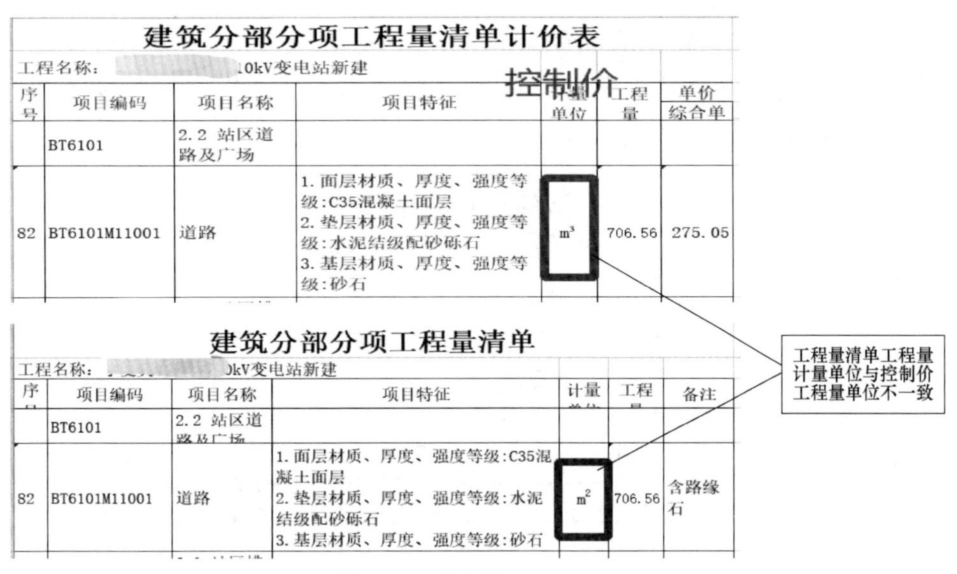

建筑分部分项工程量清单计价表

工程名称：[illegible]0kV变电站新建　　控制价

序号	项目编码	项目名称	项目特征	计量单位	工程量	综合单价
	BT6101	2.2 站区道路及广场				
82	BT6101M11001	道路	1. 面层材质、厚度、强度等级:C35混凝土面层 2. 垫层材质、厚度、强度等级:水泥结级配砂砾石 3. 基层材质、厚度、强度等级:砂石	m^3	706.56	275.05

建筑分部分项工程量清单

工程名称：[illegible]0kV变电站新建

序号	项目编码	项目名称	项目特征	计量单位	工程量	备注
	BT6101	2.2 站区道路及广场				
82	BT6101M11001	道路	1. 面层材质、厚度、强度等级:C35混凝土面层 2. 垫层材质、厚度、强度等级:水泥结级配砂砾石 3. 基层材质、厚度、强度等级:砂石	m^2	706.56	含路缘石

图 2-45　错误图示

同一项内容，工程量清单的计量单位与工程量清单计价表中的计量单位不一致，误将工程量清单计价表中的单位 m^2 写为 m^3，造成结算风险。

（3）正确处理示例见图 2-46。

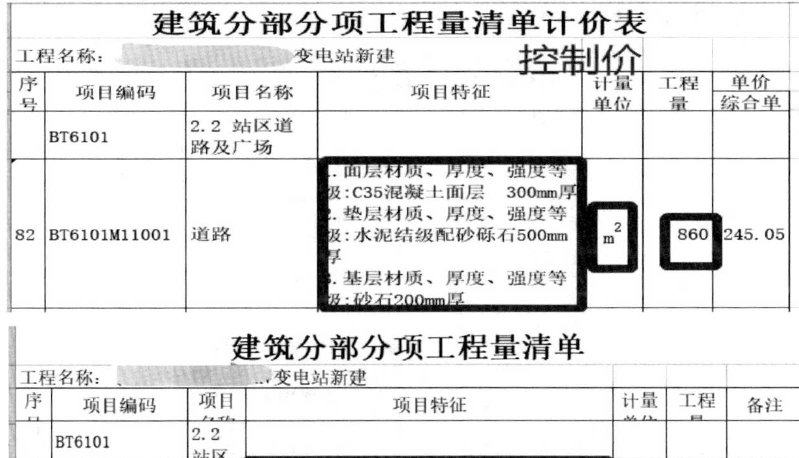

建筑分部分项工程量清单计价表

工程名称：[illegible]变电站新建　　控制价

序号	项目编码	项目名称	项目特征	计量单位	工程量	综合单价
	BT6101	2.2 站区道路及广场				
82	BT6101M11001	道路	1. 面层材质、厚度、强度等级:C35混凝土面层　300mm厚 2. 垫层材质、厚度、强度等级:水泥结级配砂砾石500mm厚 3. 基层材质、厚度、强度等级:砂石200mm厚	m^2	860	245.05

建筑分部分项工程量清单

工程名称：[illegible]变电站新建

序号	项目编码	项目名称	项目特征	计量单位	工程量	备注
	BT6101	2.2 站区				
82	BT6101M11001	道路	1. 面层材质、厚度、强度等级:C35混凝土面层　300mm厚 2. 垫层材质、厚度、强度等级:水泥结级配砂砾石500mm厚 3. 基层材质、厚度、强度等级:砂石200mm厚	m^2	860	路缘

图 2-46　正确图示

（4）参考依据。

《输变电工程工程量清单计价规范》（Q/GDW 11337—2014）

2.5.3　工程量清单工程量中不可竞争费用未给出费率或金额

（1）案例描述。

按照《中华人民共和国招标投标法》、国网公司相关的招投标管理规定及清单计价规范，工程量清单中不可竞争费用应给定费用或费率。工程量清单中不给定费用或费率会造成投标单位在不可竞争费用上报低数，将不可竞争费用形成利润，与招标文件、评标否决项存在严重矛盾。

（2）错误问题示例见图 2-47。

措施项目清单（一）

工程名称：线路工程

序号	项目名称	费率	备注
1	冬雨季施工增加费		
2	夜间施工增加费		
3	施工工具用具使用费		
4	特殊地区施工增加费		
5	临时设施费		不可竞争
6	施工机构迁移费		
7	安全文明施工费		不可竞争

不可竞争费用未给定费率

图 2-47　错误图示

措施项目清单中的不可竞争费用未给定费用或费率，按照相关规范，应将两项不可竞争费用的费率补齐，否则会使不可竞争费用形成利润。

（3）正确处理示例见图 2-48。

措施项目清单（一）

工程名称：V线路工程

序号	项目名称	费率	备注
1	冬雨季施工增加费		
2	夜间施工增加费		
3	施工工具用具使用费		
4	特殊地区施工增加费		
5	临时设施费	2.130	不可竞争费用
6	施工机构迁移费		
7	安全文明施工费	2.930	不可竞争费用

图 2-48　正确图示

（4）参考依据。

《输变电工程工程量清单计价规范》（Q/GDW 11337—2014）

（5）特别说明。

此类案例一旦出现，将会影响招投标活动顺利进行或终止招投标工作。

2.5.4　工程量清单工程量中应由甲方供应的设备材料计入投标人采购

（1）案例描述。

按照国网公司相关的物资采购管理办法，电缆、构支架、设备均应由甲方负责采购，但在工程量清单编制时，本应由甲方采购的设备、材料未经建设管理单位同意计入投标人采购，甚至出现同类材料既有甲方采购，又有乙方采购的情况，不仅违反公司制度，而且给投标和结算造成困难。

（2）错误问题示例见图 2-49。

投标人采购材料（设备）表

工程名称：工程量清单_[redacted]扩建工程

序号	材料（设备）名称	型号规格	计量单位	数量	备注
一	投标人采购材料				
CL-YT12-225	变电钢管 设备支架		t	10.148	
L02120204	铜-聚氯乙烯绝缘及护套铜带屏蔽阻燃控制电缆	ZR-KVVP22	km	2.3045	
L02120206	铜-聚氯乙烯绝缘及护套铜带屏蔽阻燃控制电缆	ZR-KVVP22	km	1.1015	
L02120904	铜-聚氯乙烯绝缘及护套铜带屏蔽阻燃控制电缆	ZR-KVVP22	km	1.1015	

招标人采购材料错误计入投标人采购

图 2-49 错误图示

按照相关规定，电缆、构支架、设备由甲方负责采购，相关费用应计入招标人采购材料（设备）表中，本例误将此项内容计入投标人采购材料（设备）表中，给招投标造成困难。

（3）正确处理示例见图 2-50。

招标人采购材料（设备）表

工程名称：工程量清单_[redacted]扩建工程 金额单位：元

序号	材料（设备）名称	型号规格	计量单位	数量	单价	交货地点及方	备注
一	招标人采购材料						
CL-YT12-225	变电钢管 设备支架		t	10.148	7890		
L02120204	套铜带屏蔽阻燃控制电缆	500V 四芯 1.5	km	2.3045	8969		
L02120206	铜-聚氯乙烯绝缘及护套铜带屏蔽阻燃控制电	ZR-KVVP22 500V 四芯	km	1.1015	17938		
L02120904	铜-聚氯乙烯绝缘及护套铜带屏蔽阻燃控制电缆	ZR-KVVP22 500V 十二芯 1.5	km	1.1015	21962		
二	招标人采购设备						

图 2-50 正确图示

（4）参考依据。

《输变电工程工程量清单计价规范》（Q/GDW 11337—2014）

（5）特别说明。

此类案例一旦出现，将会影响投标与结算工作。

2.5.5 工程量清单编制说明或招标文件与工程量清单内容存在矛盾

（1）案例描述。

工程量清单编制说明中的不可竞争费用项目、甲供设备材料是否含税金、税率等内容与工程量清单内容标注不一致，给后续投标造成疑虑，也给后续合同签订及结算造成困难。

（2）错误问题示例见图 2-51。

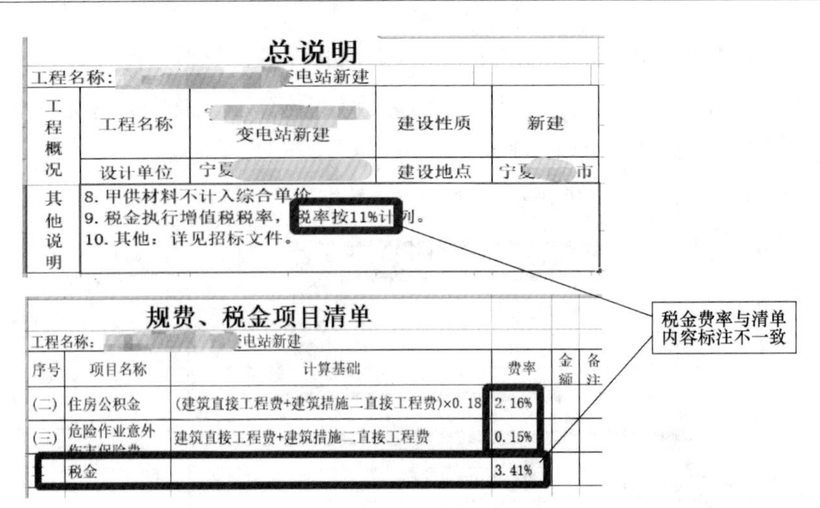

总说明

工程名称：变电站新建

工程概况	工程名称	变电站新建	建设性质	新建
	设计单位	宁夏	建设地点	宁夏市
其他说明	8. 甲供材料不计入综合单价 9. 税金执行增值税税率，税率按11%计列。 10. 其他：详见招标文件。			

规费、税金项目清单

工程名称：电站新建

序号	项目名称	计算基础	费率	金额	备注
(二)	住房公积金	(建筑直接工程费+建筑措施二直接工程费)×0.18	2.16%		
(三)	危险作业意外伤害保险费	建筑直接工程费+建筑措施二直接工程费	0.15%		
	税金		3.41%		

图 2-51　错误图示

此例中工程量清单税金税率与总说明中不一致。

（3）正确处理示例见图 2-52。

总说明

工程名称：变电站新建

工程概况	工程名称	变电站新建	建设性质	新建
	设计单位		建设地点	宁夏市
其他说明	8. 甲供材料不计入综合单价 9. 税金执行增值税税率，税率按11%计列。 10. 其他：详见招标文件。			

规费、税金项目清单

工程名称：电站新建

序号	项目名称	计算基础	费率	金额
5	工伤保险费	(建筑直接工程费+建筑措施二直接工程费)×0.18	0.548%	
(二)	住房公积金	(建筑直接工程费+建筑措施二直接工程费)×0.18	13.14%	
(三)	危险作业意外伤害保险费	建筑直接工程费+建筑措施二直接工程费	0.164%	
二	税金		11%	

建筑工程规费

图 2-52　正确图示

（4）参考依据。

《输变电工程工程量清单计价规范》（Q/GDW 11337—2014）

2.5.6　工程量清单编制时未将最高投标限价中的暂估设备、材料、专业工程在其他费用表及暂估价表中明确

（1）案例描述。

工程量清单编制时未将最高投标限价中的暂估设备、材料或专业工程费用在其他项目表及暂估价表中明确，造成施工单位少报或漏报暂估价，给招标方造成费用损失，或给甲乙双方造成费用风险。

（2）错误问题示例见图 2-53。

其他项目清单计价表

工程名称：[遮盖]线路工程最高投标限价			金额单位：元
序号	项目名称	金额	备注
一	招标人已列项目	2116975	
2	暂估价	1360000	(建设场地征用及清理费、跨石油管道费用)据实结算

其他项目清单

工程名称：工程量清单[遮盖]线路工程			金额单位：元
序号	项目名称	金额	备注
1	暂列金额		
2	暂估价		(建设场地征用及清理费、跨石油管道费用)据实结算

其他项目清单未将暂估价明确

图 2-53　错误图示

按照相关规则，暂估设备、材料和专业工程费用应在其他项目表中列出其暂估价，本例中的其他项目清单计价表中列出了暂估价，而其他项目清单中未列出，易造成甲乙双方费用风险。

（3）正确处理示例见图 2-54。

其他项目清单计价表

工程名称：[遮盖]线路工程最高投标限价			金额单位：元
序号	项目名称	金额	备注
一	招标人已列项目	2116975	
2	暂估价	1360000	(建设场地征用及清理费、跨石油管道费用)据实结算

其他项目清单

工程名称：工程量清单[遮盖]线路工程			金额单位：元
序号	项目名称	金额	备注
1	暂列金额		
2	暂估价	1360000	(建设场地征用及清理费、跨石油管道费用)据实结算

图 2-54　正确图示

（4）参考依据。

《输变电工程工程量清单计价规范》（Q/GDW 11337—2014）

2.5.7 工程量清单其他项目费中的暂列金或暂估价金额与最高投标限价不一致

（1）案例描述。

工程量清单编制时自行将最高投标限价中其他项目费中的暂列金及暂估价增加或减少，造成占用承包方工程本体费用或给招标方造成费用损失。常见问题为最高投标限价费用与工程清单实际费用不匹配（主要是本体费用不匹配）。

（2）错误问题示例见图2-55。

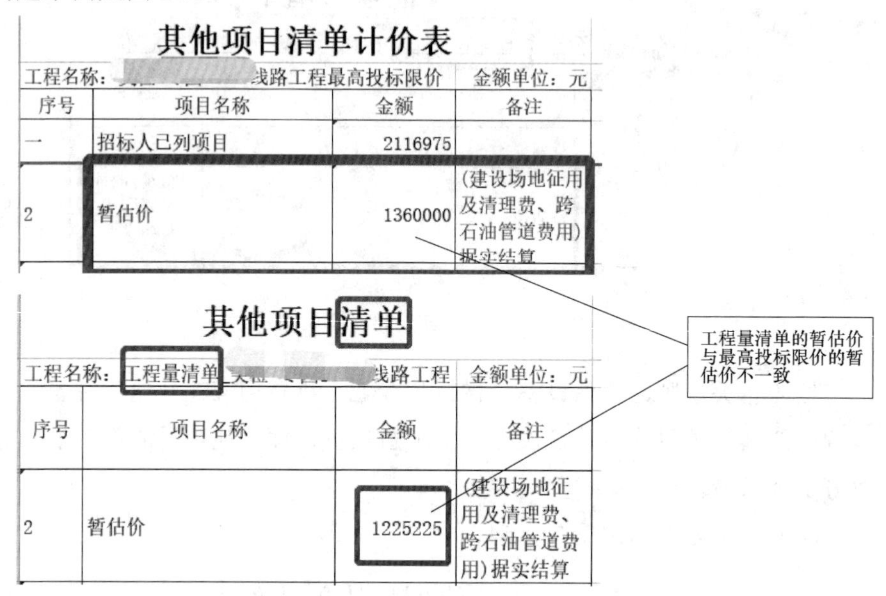

其他项目清单计价表

工程名称：线路工程最高投标限价　　金额单位：元

序号	项目名称	金额	备注
一	招标人已列项目	2116975	
2	暂估价	1360000	(建设场地征用及清理费、跨石油管道费用)据实结算

其他项目清单

工程名称：工程量清单线路工程　　金额单位：元

序号	项目名称	金额	备注
2	暂估价	1225225	(建设场地征用及清理费、跨石油管道费用)据实结算

图2-55　错误图示

其他项目工程量清单中的暂估价与其他项目清单计价表中的暂估价不一致，应以清单计价表中的暂估价为准。

（3）正确处理示例见图2-56。

其他项目清单计价表

工程名称：线路工程最高投标限价　　金额单位：元

序号	项目名称	金额	备注
一	招标人已列项目	2116975	
2	暂估价	1360000	(建设场地征用及清理费、跨石油管道费用)据实结算

其他项目清单

工程名称：工程量清单线路工程　　金额单位：元

序号	项目名称	金额	备注
1	暂列金额		
2	暂估价	1360000	(建设场地征用及清理费、跨石油管道费用)据实结算

图2-56　正确图示

（4）参考依据。

《输变电工程工程量清单计价规范》（Q/GDW 11337—2014）

2.5.8 工程量清单特征说明不全或漏项

（1）案例描述。

工程量清单特征描述不完整或漏项，造成施工单位无法对清单进行投标。另外工程量清单特征描述不全，也会造成施工单位少报或漏报费用，给后续结算造成争议。

（2）错误问题示例见图 2-57。

分部分项工程量清单

工程名称：工程量清单_kV线路工程

序号	项目编码	项目名称	项目特征	计量单位	工程量	备注
5	SD1101A12001	杆塔坑挖方及回填	1. 地质类别：普通土 2. 开挖深度：	m³	1248.4	
6	SD1101A12002	杆塔坑挖方及回填	1. 地质类别： 2. 开挖深度：3.0m以内	m³	174.8	
7	SD1101A12003	杆塔坑挖方及回填	1. 地质类别：流砂坑 2. 开挖深度：	m³	87.4	
8	SD1101A12004	杆塔坑挖方及回填	1. 地质类别： 2. 开挖深度：4.0m以内	m³	482	
9	SD1101A12005	杆塔坑挖方及回填	1. 地质类别：流砂坑 2. 开挖深度：	m³	241	

工程量清单特征描述不完整

图 2-57 错误图示

此例中工程量清单项目特征描述不完整，可能造成施工单位少报或漏报隐患。

（3）正确处理示例见图 2-58。

分部分项工程量清单

工程名称：工程量清单_110kV线路工程

序号	项目编码	项目名称	项目特征	计量单位	工程量	备注
5	SD1101A12001	杆塔坑挖方及回填	1. 地质类别：普通土 2. 开挖深度：4.0m以内	m³	1248.4	
6	SD1101A12002	杆塔坑挖方及回填	1. 地质类别：泥水坑 2. 开挖深度：3.0m以内	m³	174.8	
7	SD1101A12003	杆塔坑挖方及回填	1. 地质类别：流砂坑 2. 开挖深度：3.0m以内	m³	87.4	
8	SD1101A12004	杆塔坑挖方及回填	1. 地质类别：泥水坑 2. 开挖深度：4.0m以内	m³	482	
9	SD1101A12005	杆塔坑挖方及回填	1. 地质类别：流砂坑 2. 开挖深度：4.0m以内	m³	241	

图 2-58 正确图示

（4）参考依据。

《输变电工程工程量清单计价规范》（Q/GDW 11337—2014）

2.5.9 工程量清单编制中同一分部工程存在重复清单

（1）案例描述。

同一个工程项目中，特别是同一个分部工程中存在相同名称、相同项目特征的工程量清单条目，容易造成投标方同一清单名称、特征，投不同的综合单价，给后续结算参新增综合单价留下争议项。

（2）错误问题示例见图 2-59。

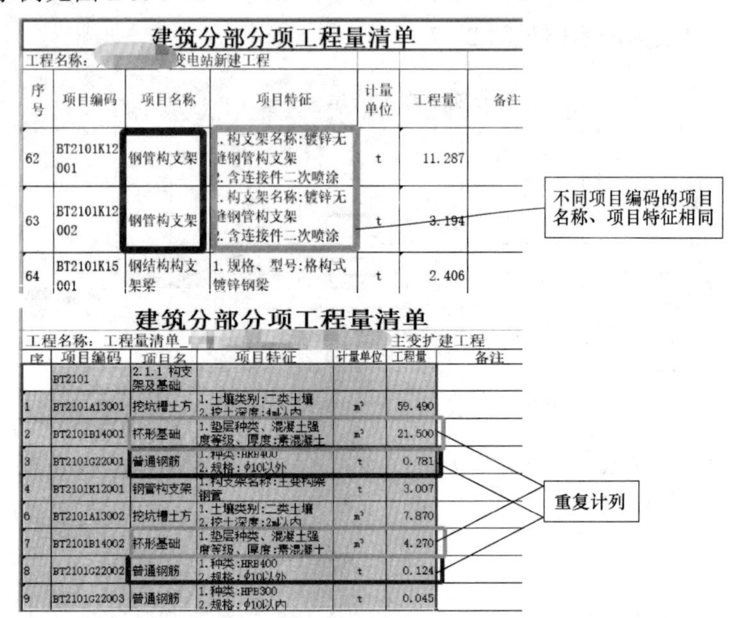

建筑分部分项工程量清单

工程名称：变电站新建工程

序号	项目编码	项目名称	项目特征	计量单位	工程量	备注
62	BT2101K12001	钢管构支架	1. 构支架名称：镀锌无缝钢管构支架 2. 含连接件二次喷涂	t	11.287	
63	BT2101K12002	钢管构支架	1. 构支架名称：镀锌无缝钢管构支架 2. 含连接件二次喷涂	t	3.194	
64	BT2101K15001	钢结构构支架梁	1. 规格、型号：格构式镀锌钢梁	t	2.406	

建筑分部分项工程量清单

工程名称：工程量清单_主变扩建工程

序	项目编码	项目名	项目特征	计量单位	工程量	备注
	BT2101	2.1.1 构支架及基础				
1	BT2101A13001	挖坑槽土方	1. 土壤类别：二类土壤 2. 挖土深度：4m以内	m³	59.490	
2	BT2101B14001	杯形基础	1. 垫层种类、混凝土强度等级、厚度：素混凝土	m³	21.500	
3	BT2101G22001	普通钢筋	1. 种类：HRB400 2. 规格：φ10以外	t	0.781	
4	BT2101K12001	钢管构支架	1. 构支架名称：主变构架钢管	t	3.007	
6	BT2101A13002	挖坑槽土方	1. 土壤类别：二类土壤 2. 挖土深度：2m以内	m³	7.870	
7	BT2101B14002	杯形基础	1. 垫层种类、混凝土强度等级、厚度：素混凝土	m³	4.270	
8	BT2101G22002	普通钢筋	1. 种类：HRB400 2. 规格：φ10以外	t	0.124	
9	BT2101G22003	普通钢筋	1. 种类：HPB300 2. 规格：φ10以内	t	0.045	

图 2-59 错误图示

此例中钢管构支架两分部分项工程项目特征描述有误，出现重复，应以构架、支架分别计列。普通钢筋 HRB400、杯形基础重复计列。

（3）正确处理示例见图 2-60。

建筑分部分项工程量清单

工程名称：变电站新建工程

序号	项目编码	项目名称	项目特征	计量单位	工程量
62	BT2101K12001	钢管构支架	1. 构支架名称：镀锌无缝钢管构架 2. 含连接件二次喷涂	t	11.287
63	BT2101K12002	钢管构支架	1. 构支架名称：镀锌无缝钢管支架 2. 含连接件二次喷涂	t	3.194

建筑分部分项工程量清单

工程名称：工程量清单_主变扩建工程

序	项目编码	项目名	项目特征	计量	工程	备注
	BT2101	2.1.1 构支架及基				
1	BT2101A13001	挖坑槽土方	1. 土壤类别：二类土壤	m³	59.490	
2	BT2101B14001	杯形基础	1. 垫层种类、混凝土强度等级、厚度：素混	m³	25.770	
3	BT2101G22001	普通钢筋	1. 种类：HRB400 2. 规格：φ10以外	t	0.905	
4	BT2101K12001	钢管构支架	1. 构支架名称：主变构架 钢管	t	3.007	
6	BT2101A13002	挖坑槽土方	1. 土壤类别：二类土壤 2. 挖土深度：2m以内	m³	7.870	
7	BT2101G22003	普通钢筋	1. 种类：HPB300 2. 规格：φ10以内	t	0.045	

图 2-60 正确图示

（4）参考依据。

《输变电工程工程量清单计价规范》（Q/GDW 11337—2014）

（5）特别说明。

此类案例一旦出现，将会影响竣工结算的准确性，并留有合同争议。

2.5.10 要求以项报价的清单项目在工程量清单中未给定单位或未进行标注

（1）案例描述。

按照工程建设合同或清单计价规范要求，以项报价的清单项目结算时（如发生）不做调整。通常建设管理单位将设备保管费、材料保管费、施工企业配合调试费等项目作为以项报价的清单项目考虑，但由于编制单位未给定项单位或清单中未进行标注，给后续合同签订及结算留下争议问题。

（2）错误问题示例见图 2-61。

其他项目清单

工程名称：工程量清单_线路工程　　金额单位：元

序号	项目名称	金额	备注
1	暂列金额		
2	暂估价	1054098	
2.1	材料、工程设备暂估单价		材料暂估单价计
2.2	建设场地征用及清理费	1054098	建设场地征用及
3	计日工		
4	其他		
4.1	拆除工程项目清单		
4.2	招标人供应设备、材料卸车保管费		
4.2.1	设备保管费		
4.2.2	材料保管费		
4.3	施工企业配合调试费		
4.5	施工临时道路修筑费		

未备注“以项为单位报价”

图 2-61　错误图示

此例中 4、2.1、4.2.2、4.3、4.5 未备注“以项为单位报价”。

（3）正确处理示例见图 2-62。

其他项目清单

工程名称：工程量清单_线路工程　　金额单位：元

序号	项目名称	金额	备注
1	暂列金额		
2	暂估价	1054098	
2.1	材料、工程设备暂估单价		材料暂估单价计
2.2	建设场地征用及清理费	1054098	建设场地征用及
3	计日工		
4	其他		
4.1	拆除工程项目清单		
4.2	招标人供应设备、材料卸车保管费		
4.2.1	设备保管费		以项为单位报价
4.2.2	材料保管费		以项为单位报价
4.3	施工企业配合调试费		以项为单位报价
4.5	施工临时道路修筑费		以项为单位报价

图 2-62　正确图示

（4）参考依据。

《输变电工程工程量清单计价规范》（Q/GDW 11337—2014）

第3章 招投标、合同签订阶段典型案例

招标、投标及合同签订阶段是本着公平、公正、公开和诚实信用的原则，通过编制招标文件、编制投标文件、评标等环节来确定项目承包单位，并与承包单位签订合同的过程。招标文件、投标文件编制及合同签订不规范为电网工程建设及结算预留了隐患，同时，合同及招投标资料也是工程建设过程造价管理、竣工结算的重要依据。为给各单位招标、投标及合同签订工作提供参考，进一步规范输变电工程招投标工作，提高合同管理的效率和规范性，本章梳理了合同签订、招标文件编写、投标报价编制三方面典型案例。

3.1 合同签订不规范

3.1.1 部分合同协议书中未填写合同签订日期

（1）案例描述。

合同签订日期是合同规范性审核的重要内容，是判断合同是否在规定期限内、是否在中标有限期内签订的重要依据，然而部分合同签订人员往往仅签名，不填写签订时间，无法判断合同是否在中标有效期内签订，不符合《合同管理办法》要求。

（2）错误问题示例见图 3-1。

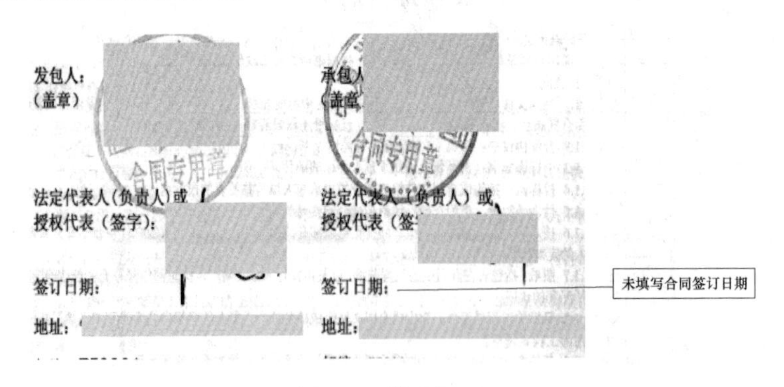

发包人：
（盖章）
合同专用章
法定代表人（负责人）或
授权代表（签字）：
签订日期：
地址：

承包人：
（盖章）
合同专用章
法定代表人（负责人）或
授权代表（签字）：
签订日期：
地址：

图 3-1　错误图示

未填写合同签订日期，无法判定合同是否有效，不符合《合同管理办法》要求，应按实际签订日期将合同补充完整。

（3）正确处理示例见图 3-2。

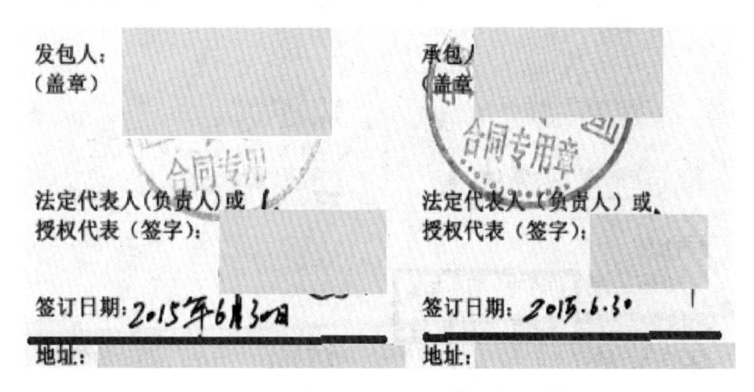
发包人：
（盖章）
法定代表人（负责人）或
授权代表（签字）：
签订日期：2015年6月30日
地址：

承包人：
（盖章）
法定代表人（负责人）或
授权代表（签字）：
签订日期：2015.6.30
地址：

图 3-2　正确图示

（4）参考依据。

《中华人民共和国合同法》

《国家电网公司合同标准范本》

3.1.2　合同签订时间与合同工期逻辑不符

（1）案例描述。

施工合同中计划开竣工时间通常应按照招标文件签订，但在合同签订时建设管理单位往往按照工程招投标后里程碑调整计划、调整合同工期（日历工期不变），造成合同签订时间与工程计划开竣工时间相背离，逻辑出现明显错误。

（2）错误问题示例见图 3-3。

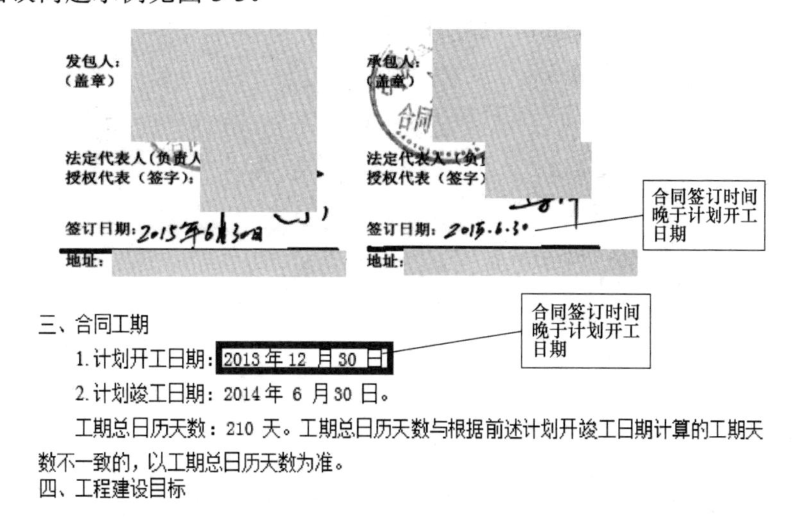
发包人：
（盖章）
法定代表人（负责人
授权代表（签字）：
签订日期：2015年6月30日
地址：

承包人：
（盖章）
法定代表人（负
授权代表（签字）
签订日期：2015.6.30
地址：

三、合同工期

1. 计划开工日期：2013 年 12 月 30 日

2. 计划竣工日期：2014 年 6 月 30 日。

工期总日历天数：210 天。工期总日历天数与根据前述计划开竣工日期计算的工期天数不一致的，以工期总日历天数为准。

四、工程建设目标

图 3-3　错误图示

合同签订日期晚于计划开工日期，此合同的签订日期为 2015 年 6 月 30 日，则计划开工日期应晚于该日期，相应计划竣工日期也应进行调整。

（3）正确处理示例见图 3-4。

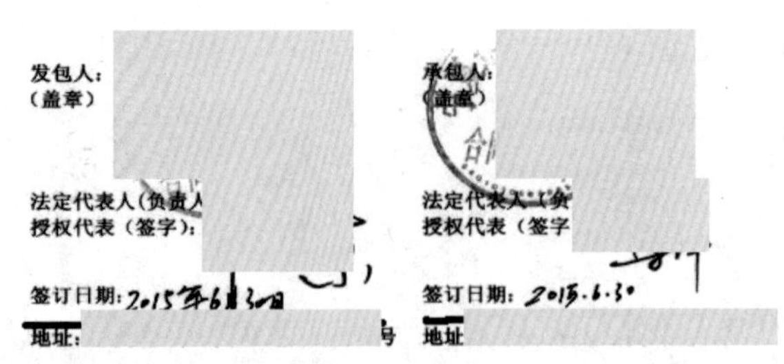
发包人：
（盖章）
法定代表人（负责人）或授权代表（签字）：
签订日期：2015年6月30日
地址：

承包人：
（盖章）
法定代表人（负责人）或授权代表（签字）：
签订日期：2015.6.30
地址：

三、合同工期

1.计划开工日期：2015年7月1日。

2.计划竣工日期：2016年1月30日。

工期总日历天数：210天。工期总日历天数与根据前述计划开竣工日期计算的工期天数不一致的，以工期总日历天数为准。

四、工程建设目标

图 3-4　正确图示

（4）参考依据。

《中华人民共和国合同法》

《国家电网公司合同标准范本》

3.1.3　法人授权委托书不在合同签订有效期内或无效委托

（1）案例描述。

按照《国家电网公司合同管理办法》规定，授权代理人签订合同时，必须提供法定代表人签字确认的法人授权委托书，并将授权委托书作为合同附件，但是部分合同中所附法人授权委托书为无效委托或委托书与合同存在逻辑错误，相互印证时显示合同为无效合同。

（2）错误问题示例见图 3-5。

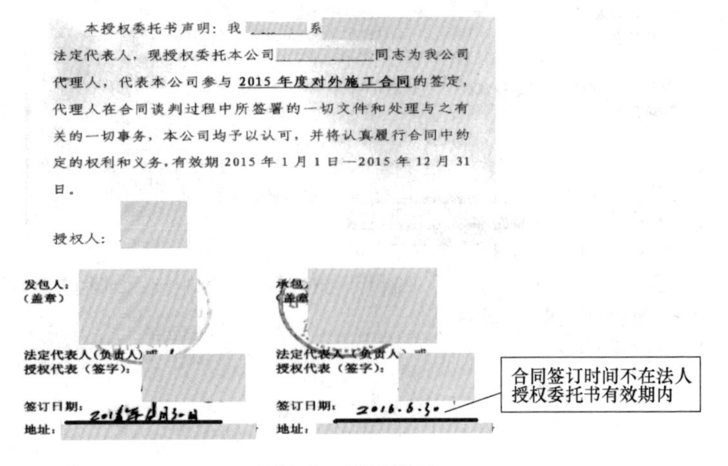
授权委托书

本授权委托书声明：我　　系　　法定代表人，现授权委托本公司　　同志为我公司代理人，代表本公司参与2015年度对外施工合同的签定，代理人在合同谈判过程中所签署的一切文件和处理与之有关的一切事务，本公司均予以认可，并将认真履行合同中约定的权利和义务。有效期2015年1月1日—2015年12月31日。

授权人：

发包人：
（盖章）
法定代表人（负责人）或授权代表（签字）：
签订日期：2016年1月30日
地址：

承包人：
（盖章）
法定代表人（负责人）或授权代表（签字）：
签订日期：2016.6.30
地址：

图 3-5　错误图示

授权委托书中规定有效期为 2015 年 1 月 1 日—2015 年 12 月 31 日，而合同签订日

期为 2016 年 6 月 30 日，非有效期内，合同为无效合同。

（3）正确处理示例见图 3-6。

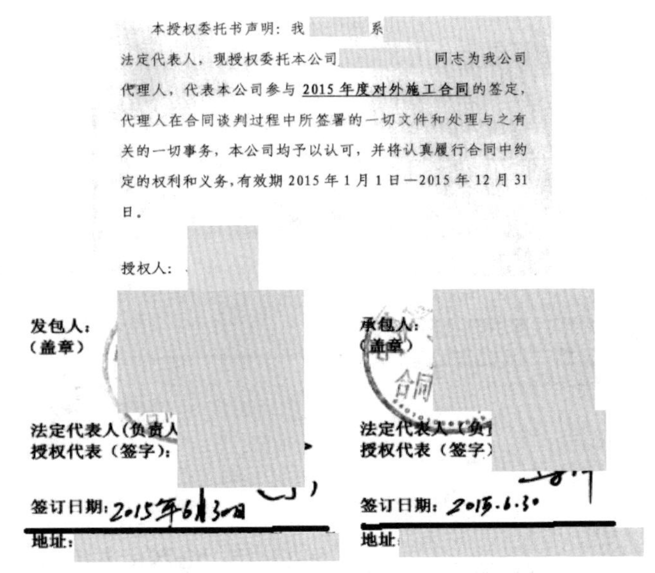

授权委托书

本授权委托书声明：我 系

法定代表人，现授权委托本公司 同志为我公司代理人，代表本公司参与 2015 年度对外施工合同的签定，代理人在合同谈判过程中所签署的一切文件和处理与之有关的一切事务，本公司均予以认可，并将认真履行合同中约定的权利和义务，有效期 2015 年 1 月 1 日—2015 年 12 月 31 日。

授权人：

发包人：（盖章）

法定代表人（负责人）授权代表（签字）：

签订日期：2015年6月30日

地址：

承包人：（盖章）

法定代表人（负责人）授权代表（签字）：

签订日期：2015.6.30

地址：

图 3-6　正确图示

（4）参考依据。

《中华人民共和国合同法》

《国家电网公司合同标准范本》

3.1.4　合同签订时限超过中标有效期

（1）案例描述。

部分合同签订时间在中标通知书签发 30 日之后，违反《中华人民共和国招标投标法》有关规定。

（2）错误问题示例见图 3-7。

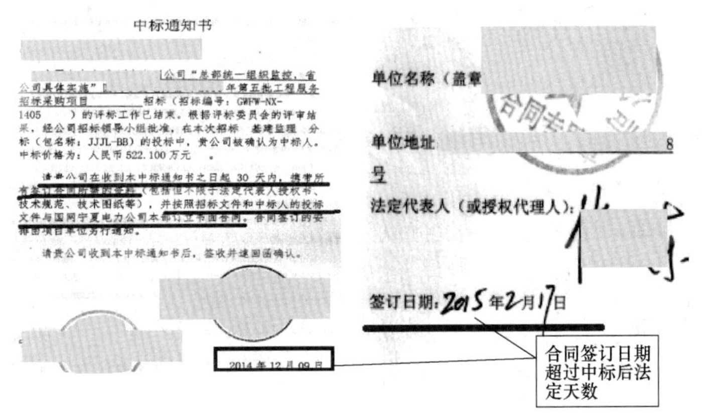

中标通知书

公司“总部统一组织监控，省公司具体实施” 年第五批工程服务招标采购项目 招标（招标编号：GWFW-NX-1405 ）的评标工作已结束。根据评标委员会的评审结果，经公司招标领导小组批准，在本次招标 基建监理 分标（包名称：JJJL-BB）的投标中，贵公司被确认为中标人。中标价格为：人民币 522.100 万元 。

请贵公司在收到本中标通知书之日起 30 天内，携带所有签订合同所需的资料（包括但不限于法定代表人授权书、技术规范、技术图纸等），并按照招标文件和中标人的投标文件与国网宁夏电力公司本部订立书面合同。合同签订的安排由项目单位另行通知。

请贵公司收到本中标通知书后，签收并速回函确认。

2014 年 12 月 09 日

单位名称（盖章）

单位地址 号

法定代表人（或授权代理人）：

签订日期：2015年2月17日

图 3-7　错误图示

中标通知书签发时间为2014年12月9日，而签订合同日期为2015年2月17日，超过30日法定天数。

（3）正确处理示例见图3-8。

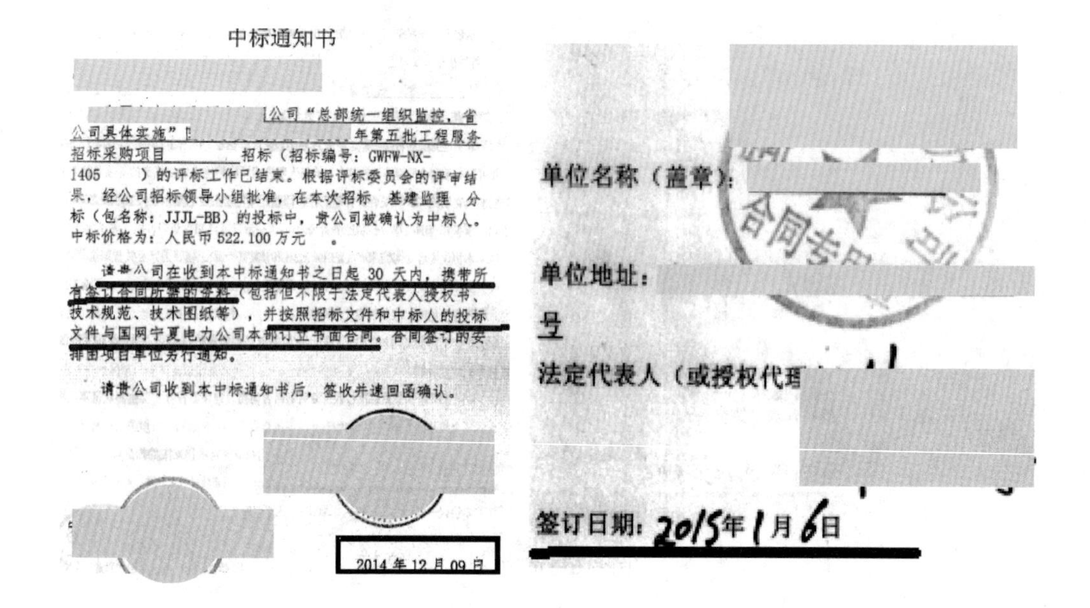
中标通知书

公司“总部统一组织监控，省公司具体实施”　年第五批工程服务招标采购项目　招标（招标编号：GWFW-NX-1405　）的评标工作已结束。根据评标委员会的评审结果，经公司招标领导小组批准，在本次招标　基建监理　分标（包名称：JJJL-BB）的投标中，贵公司被确认为中标人。中标价格为：人民币522.100万元　。

请贵公司在收到本中标通知书之日起30天内，携带所有签订合同所需的资料（包括但不限于法定代表人授权书、技术规范、技术图纸等），并按照招标文件和中标人的投标文件与国网宁夏电力公司本部订立书面合同。合同签订的安排由项目单位另行通知。

请贵公司收到本中标通知书后，签收并速回函确认。

2014年12月09日

单位名称（盖章）：

单位地址：

号

法定代表人（或授权代理

签订日期：2015年1月6日

图3-8　正确图示

（4）参考依据。

《中华人民共和国招标投标法》第四十六条：“招标人和中标人应当自中标通知书发出之日起三十日内，按照招标文件和中标人的投标文件订立书面合同。招标人和中标人不得再行订立背离合同实质性内容的其他协议。”

《中华人民共和国合同法》

《国家电网公司合同标准范本》

3.1.5　合同中约定的建设规模或建设内容与招投标文件描述不一致

（1）案例描述。

各类工程合同签订时，其工作内容、建设规模、主要结算原则等应与招投标文件相一致，应避免合同与招投标文件出现重大偏差，造成合同签订金额与招投标文件中的实际中标金额出现偏差，带来法律及审计风险。

（2）错误问题示例见图3-9。

施工招标技术规范中建设规模描述为“10kV远期8回出线，本期4回”，而施工合同中10kV建设规模为：“变电10kV远期6回出线，本期3回”。

1.2 建设规模

××项目招标文件

（1）××× 35kV变电站新建工程

主变压器远期2×6.3MVA，本期6.3MVA，电压等级为35/10kV。35kV远期2回出线，本期2回；10kV远期8回出线，本期4回。远期每台主变10kV侧安装1组容量为1Mvar无功补偿装置，本期主变10kV侧安装1组容量为1Mvar无功补偿装置。

招标文件的建设规模描述与合同签订建设规模描述不一致

××合同

一、工程概况

1. 工程名称：××35kV输变电工程。
2. 工程地点：××。
3. 工程内容：（1）××35kV变电站新建工程

主变压器远期2×6.3MVA，本期6.3MVA，电压等级为35/10kV。35kV远期2回出线，本期2回；10kV远期6回出线，本期3回。远期每台主变10kV侧安装1组容量为1Mvar无功补偿装置，本期主变10kV侧安装1组容量为1Mvar无功补偿装置。

图3-9 错误图示

（3）正确处理示例见图3-10。

××项目招标文件

1.2 建设规模

（1）×× 35kV变电站新建工程

主变压器远期2×6.3MVA，本期6.3MVA，电压等级为35/10kV。35kV远期2回出线，本期2回；10kV远期8回出线，本期4回。远期每台主变10kV侧安装1组容量为1Mvar无功补偿装置，本期主变10kV侧安装1组容量为1Mvar无功补偿装置。

（2）田老庄~下马关π入白家滩变35kV线路工程

××合同

一、工程概况

1. 工程名称： ××35kV输变电工程。
2. 工程地点： ××。
3. 工程内容：（1） ×× 35kV变电站新建工程

主变压器远期2×6.3MVA，本期6.3MVA，电压等级为35/10kV。35kV远期2回出线，本期2回；10kV远期8回出线，本期4回。远期每台主变10kV侧安装1组容量为1Mvar无功补偿装置，本期主变10kV侧安装1组容量为1Mvar无功补偿装置。

图3-10 正确图示

招标文件技术规范中建设规模描述、施工合同建设规模描述分别如图3-14、图3-15所示。

（4）参考依据。

《中华人民共和国合同法》

《国家电网公司合同标准范本》

3.1.6 合同工期计算逻辑错误

（1）案例描述。

施工合同工期总日历天数与计划开竣工日期计算的工期总日历天数明显不一致，且明显属于计算错误。

（2）错误问题示例见图 3-11。

三、合同工期

1.计划开工日期：2016年 06 月01 日。

2.计划竣工日期：2016年 12 月30 日。

工期总日历天数：180 天。工期总日历天数与根据前述计划开竣工日期计算的工期天数不一致的，以工期总日历天数为准。

四、工程建设目标

工期总日历天数计算错误

图 3-11 错误图示

工期总日历天数直接按每月 30 天计算，计为 180 天，未按实际日期计算，与实际工期不一致。

（3）正确处理示例见图 3-12。

三、合同工期

1.计划开工日期：2016年 06 月01 日。

2.计划竣工日期：2016年 12 月30 日。

工期总日历天数：213 天。工期总日历天数与根据前述计划开竣工日期计算的工期天数不一致的，以工期总日历天数为准。

四、工程建设目标

1.工程质量要求：

图 3-12 正确图示

（4）参考依据。

《电力建设工程预算定额（2013 年版） 第一册 建筑工程》

《中华人民共和国合同法》

《国家电网公司合同标准范本》

（5）特别说明。

合同工期日历天数与投标技术进度计划存在因果关系，按照现行合同容易出现窝工、赶工纠纷。

3.1.7 违背招投标文件及合同协议书，在合同专用条款中增加已包含在承包范围内的特殊费用

（1）案例描述。

建设单位在合同签订时，为保障工程项目的特殊管理要求，在合同中给承包方增加

合同外费用，此行为并不违背《中华人民共和国合同法》，但是增加特殊费用明显违背招投标文件及合同协议书，使合同费用增加。应避免增加特殊费用。

（2）错误问题示例见图 3-13。

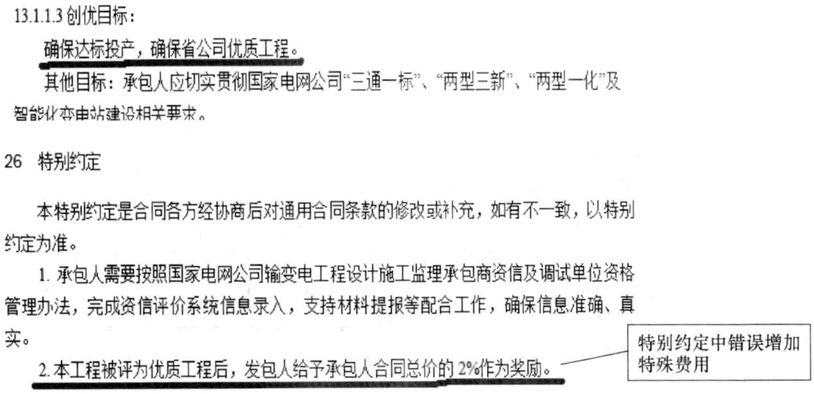

13.1.1.3 创优目标：

确保达标投产，确保省公司优质工程。

其他目标：承包人应切实贯彻国家电网公司“三通一标”、“两型三新”、“两型一化”及智能化变电站建设相关要求。

26 特别约定

本特别约定是合同各方经协商后对通用合同条款的修改或补充，如有不一致，以特别约定为准。

1. 承包人需要按照国家电网公司输变电工程设计施工监理承包商资信及调试单位资格管理办法，完成资信评价系统信息录入，支持材料提报等配合工作，确保信息准确、真实。

2. 本工程被评为优质工程后，发包人给予承包人合同总价的 2%作为奖励。

特别约定中错误增加特殊费用

图 3-13 错误图示

在施工合同第 13 条约定工程确保达标创优，在特别约定条款中又约定给予一定金额的奖励作为达标创优的额外支付费用，应删去此条款。

（3）正确处理示例见图 3-14。

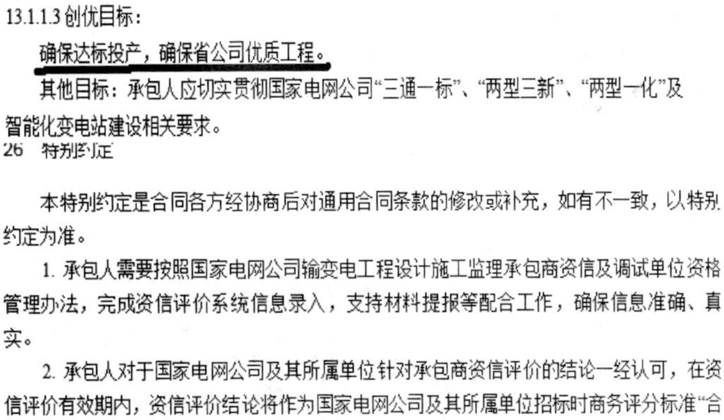

13.1.1.3 创优目标：

确保达标投产，确保省公司优质工程。

其他目标：承包人应切实贯彻国家电网公司“三通一标”、“两型三新”、“两型一化”及智能化变电站建设相关要求。

26 特别约定

本特别约定是合同各方经协商后对通用合同条款的修改或补充，如有不一致，以特别约定为准。

1. 承包人需要按照国家电网公司输变电工程设计施工监理承包商资信及调试单位资格管理办法，完成资信评价系统信息录入，支持材料提报等配合工作，确保信息准确、真实。

2. 承包人对于国家电网公司及其所属单位针对承包商资信评价的结论一经认可，在资信评价有效期内，资信评价结论将作为国家电网公司及其所属单位招标时商务评分标准“合

图 3-14 正确图示

（4）参考依据。

《中华人民共和国合同法》

《国家电网公司合同标准范本》

（5）特别说明。

合同约定的工作内容费用应包含在合同总价中，不应另外支付费用。

3.1.8 合同签订金额与中标通知书金额不一致

（1）案例描述。

签约合同价应该严格按照中标通知书金额进行签订，但是往往存在建设管理单位与

施工单位签订合同时，未按照中标通知书签订，而按照施工单位提供的非终版投标报价进行签订，造成合同协议书中签订的合同金额与中标通知书不一致。

（2）错误问题示例见图3-15。

中标通知书

总部统一组织监控，省公司具体实施 二批10千伏及以上电网建设工程设计、施工、监理招标采购项目 招标（招 ）的评标工作已结束。根据评标委员会的评审结果，经公司招标领导小组批准，在本次招标 基建施工 分标（包名称：JJSG-ND）的投标中，贵公司被确认为中标人。中标价格为：人民币2102.0748万元。（中标清单详见附件）

五、签约合同价与合同价格形式

1. 签约合同价为：人民币（大写）贰仟壹佰零壹万零伍佰肆拾陆元整(¥ 21010546 元）（含税）。

2. 合同价格形式：总价与综合单价相结合的形式。

图3-15 错误图示

中标通知书中标价格为2102.0748万元，而合同签订金额为21010546元，两者价格明显不一致，合同签订金额应与中标通知书一致。

（3）正确处理示例见图3-16。

中标通知书

总部统一组织监控，省公司具体实施 二批10千伏及以上电网建设工程设计、施工、监理招标采购项目 招标（招 ）的评标工作已结束。根据评标委员会的评审结果，经公司招标领导小组批准，在本次招标 基建施工 分标（包名称：JJSG-ND）的投标中，贵公司被确认为中标人。中标价格为：人民币2102.0748万元。（中标清单详见附件）

五、签约合同价与合同价格形式

1. 签约合同价为：人民币（大写）贰仟壹佰零贰万零柒佰肆拾捌元整(¥ 21020748 元）（含税）。

2. 合同价格形式：总价与综合单价相结合的形式。

六、合同组成部分

下列文件为本合同的组成部分：

图3-16 正确图示

（4）参考依据。

《中华人民共和国合同法》

《国家电网公司合同标准范本》

3.1.9 施工合同签订的结算原则以第三方审计结果作为结算依据

（1）案例描述。

根据全国人大常委会法工委在回复中国建筑业协会作出的《关于对地方性法规中以审计结果作为政府投资建设项目竣工结算依据有关规定提出的审查建议的复函》（简称《复函》）中明确："地方性法规中直接以审计结果作为竣工结算依据和应当在招标文件中载明或者在合同中约定以审计结果作为竣工结算依据的规定，限制了民事权利，超越了地方立法权限，应当予以纠正。"施工合同签订的结算原则以第三方审计结果代替结算原则违反《中华人民共和国合同法》相关规定。

（2）错误问题示例见图 3-17。

五、签约合同价与合同价格形式

1. 签约合同价为：人民币（大写）**壹仟陆佰壹拾肆万陆仟陆佰贰拾玖元整**(¥ 16146629 元）（含税），最终价款以甲方认可的审计结果（第三方审计中介出具的）为准。

其中：盐州-七里沟π入宁源变 110kV 线路工程合同价为人民币（大写）**陆佰捌拾陆万伍仟壹佰叁拾玖元整**（¥ 6865139 元）

错误地以第三方审计结果作为结算依据

图 3-17 错误图示

合同签订价格中描述"以甲方认可的审计结果（第三方审计中介出具的）为准"，该结算原则违反合同法相关规定。

（3）正确处理示例见图 3-18。

五、签约合同价与合同价格形式

1. 签约合同价为：人民币（大写）**壹仟陆佰壹拾肆万陆仟陆佰贰拾玖元整**(¥ 16146629 元）（含税）。

2. 合同价格形式：总价与综合单价相结合的形式。

图 3-18 正确图示

（4）参考依据。

《中华人民共和国合同法》

《国家电网公司合同标准范本》

（5）特别说明。

不得以审计结果代替合同或结算金额。

3.1.10 未经建设管理单位同意，在合同中随意变更项目主要负责人

（1）案例描述。

承包方投标文件中的总监理工程师、项目经理等主要负责人资质业绩合格是承包方中标的先决条件。合同中签订的总监理工程师、项目经理等主要负责人与投标文件不一致，且未经建设管理单位书面同意，此行为属于违法招投标结果行为。

（2）错误问题示例见图3-19。

××招标文件

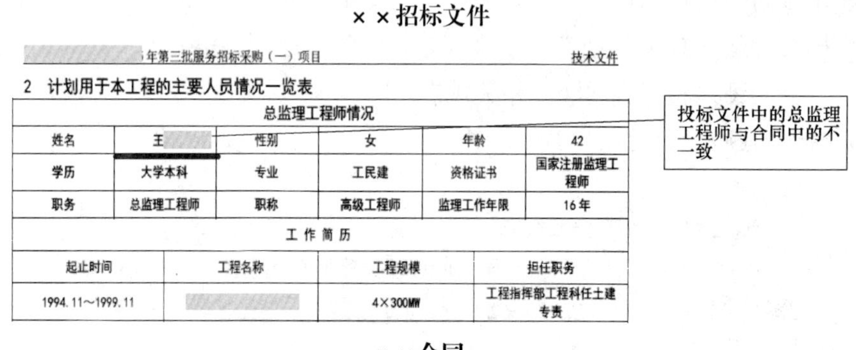
年第三批服务招标采购（一）项目　　技术文件

2 计划用于本工程的主要人员情况一览表

总监理工程师情况					
姓名	王	性别	女	年龄	42
学历	大学本科	专业	工民建	资格证书	国家注册监理工程师
职务	总监理工程师	职称	高级工程师	监理工作年限	16年

工作简历			
起止时间	工程名称	工程规模	担任职务
1994.11～1999.11		4×300MW	工程指挥部工程科任土建专责

投标文件中的总监理工程师与合同中的不一致

××合同

第13条 监理人代表名单：

总监理工程师：韩

第14条 合同价格

图3-19 错误图示

招标文件中的总监理工程师为王××，而合同中的总监理工程师为韩××，两者不一致。

（3）正确处理示例见图3-20。

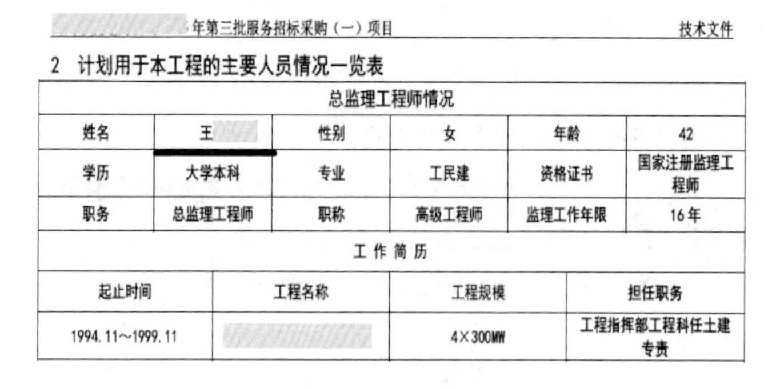
年第三批服务招标采购（一）项目　　技术文件

2 计划用于本工程的主要人员情况一览表

总监理工程师情况					
姓名	王	性别	女	年龄	42
学历	大学本科	专业	工民建	资格证书	国家注册监理工程师
职务	总监理工程师	职称	高级工程师	监理工作年限	16年

工作简历			
起止时间	工程名称	工程规模	担任职务
1994.11～1999.11		4×300MW	工程指挥部工程科任土建专责

第13条 监理人代表名单：

总监理工程师：王

第14条 合同价格

发生下列情况的，合同价格可予调整：

基建输变电工程的合同价是中标人按照招标人提供的相关计算依据，测算确

图3-20 正确图示

（4）参考依据。

《中华人民共和国合同法》

《国家电网公司合同标准范本》

3.1.11 未约定预付款扣回办法

（1）案例描述。

部分合同中只约定预付款的额度和预付办法，未约定预付款的扣回办法，造成进度款支付时甲乙双方对预付款回扣方式或回扣比例存在争议。

（2）错误问题示例见图 3-21。

17.2 预付款

17.2.1 预付款的额度和预付办法如下：预付款比例为合同金额（扣除暂列金额）的20%。发包人应在双方签订合同后一个月内或约定的开工日期前7天内预付工程款。

17.2.2 预付款保函

除合同另有约定外，承包人应在17.2.4约定提出申请支付预付款时向发包人提交预付款保函，预付款保函的担保金额应与预付款金额相同。保函的担保金额可根据预付款扣回的金额相应递减。

17.2.3 款预付款扣回与还清

预付款的扣回办法如下：___。

17.2.4 在完成以下工作后，承包人可申请支付预付款：

图 3-21 错误图示

（3）正确处理示例见图 3-22。

17.2 预付款

17.2.1 预付款的额度和预付办法如下：预付款比例为合同金额（扣除暂列金额）的20%。发包人应在双方签订合同后一个月内或约定的开工日期前7天内预付工程款。

17.2.2 预付款保函

除合同另有约定外，承包人应在17.2.4约定提出申请支付预付款时向发包人提交预付款保函，预付款保函的担保金额应与预付款金额相同。保函的担保金额可根据预付款扣回的金额相应递减。

17.2.3 款预付款扣回与还清

预付款的扣回办法如下：当工程价款支付至合同价款的50%时，开始抵扣工程预付款，每次扣除当月进度款的40%，扣完为止。

17.2.4 在完成以下工作后，承包人可申请支付预付款：

图 3-22 正确图示

（4）参考依据。

《中华人民共和国合同法》

《国家电网公司合同标准范本》

3.1.12 合同中未约定履约保证金数额

（1）案例描述。

根据国网公司相关招投标文件及《国家电网公司合同标准范本》要求，招标文件及合同中均包含履约保证金条款，但部分合同未按照招投标文件及合同要求对履约保证金约定，违反公司合同履约管理规定。

（2）错误问题示例见图 3-23。

投标函

2. 如果我方中标，我方保证按照招标文件的工期要求竣工并移交整个工程。

3. 如果我方中标，我方将按照规定提交中标合同价格 5 %的履约保证金。

4. 本投标有效期为自开标日起 90 天。

5. 除非另外达成协议并生效，你方的中标通知书和本投标文件将构成约束我们双方的合同。

× ×合同

承包人应按以下时间、数额向发包人提供履约担保：

（1）时间：合同签订后 5 个工作日内。

（2）数额：签约合同价的 —— %。

4.2.2 履约保证的有效期限应截止到承包人完成工程并修补全

履约保证金未按投标函给出的进行约定

图 3-23 错误图示

投标函中承诺履约保证金金额为合同总价的 5%，合同中履约保证金内容却无约定。

（3）正确处理示例见图 3-24。

投标函

2. 如果我方中标，我方保证按照招标文件的工期要求竣工并移交整个工程。

3. 如果我方中标，我方将按照规定提交中标合同价格 5 %的履约保证金。

4. 本投标有效期为自开标日起 90 天。

5. 除非另外达成协议并生效，你方的中标通知书和本投标文件将构成约束我们双方的合同。

× ×合同

承包人应按以下时间、数额向发包人提供履约担保：

（1）时间：合同签订后 5 个工作日内。

（2）数额：签约合同价的 5 %。

4.2.2 履约保证的有效期限应截止到承包人完成工程并修补全部缺陷。发包人在根据有关条款发出保修证书以后，不应再对履约保证提出索赔，并应在发出上述证书后的 28 天内将履约保函退还给承包人。

图 3-24 正确图示

（4）参考依据。

《中华人民共和国合同法》

《国家电网公司合同标准范本》

3.1.13 安全协议书中未约定安全文明施工费用

（1）案例描述。

根据《国家电网公司关于进一步规范电力建设工程安全生产费用提取与使用管理工作的通知》及《国家电网公司合同管理办法范本》要求，安全协议书中安全文明施工费必须具体计列安全文明施工费金额，但部分合同安全协议书中未约定安全文明施工费用。

（2）错误问题示例见图3-25。

十一、安全文明施工费

1、本工程暂定计列 ---- 万元作为安全文明施工费。

2、安全文明施工费使用范围（变电、线路工程分别根据实际情况从以下选项中选择使用）：

执行国家电网公司安全文明施工标准化管理办法：

未具体计列安全文明施工费金额

图3-25 错误图示

合同安全协议书中未计列安全文明施工费，根据相关要求，安全协议书中必须计列此项费用。

（3）正确处理示例见图3-26。

十一、安全文明施工费

1、本工程暂定计列 8.5249 万元作为安全文明施工费。

2、安全文明施工费使用范围（变电、线路工程分别根据实际情

（以下选项中选择使用）：

执行国家电网公司安全文明施工标准化管理办法：

（1）完善、改造和维护安全防护设施设备支出（不含“三同时”

图3-26 正确图示

（4）参考依据。

《中华人民共和国合同法》

《国家电网公司合同标准范本》

《国家电网公司关于进一步规范电力建设工程安全生产费用提取与使用管理工作的通知》

3.1.14 合同存在两种结算方式

（1）案例描述。

个别合同约定了两种结算方式，造成工程竣工结算时无法结算，或造成甲乙双方争议，增加法律风险。

（2）错误问题示例见图3-27。

7. 合同价格

合同价格的结算：中标价格-考核金扣除部分-违约金

7.1 发生下列情况的，合同价格可予调整：

工程项目若发生重大变化（非乙方原因），双方另行协商解决。

（1）本合同总价为暂定合同总价。

（2）本合同总价包括 90%的结算合同价格和 10%的激励约束价格。

（3）合同结算总价＝初步设计批复的勘察设计费×90%×（1－无条件折扣比例）

＋初步设计批复的勘察设计费×10%×（设计评价得分-90）／20

合同存在两种结算方式

图 3-27　错误图示

合同存在两种结算方式：①合同价格的结算：中标价格－考核金扣除部分－违约金；②合同结算总价＝初步设计批复的勘察设计费×90%×（1－无条件折扣比例）＋初步设计批复的勘察设计费×10%×（设计评价得分－90）/20。未按要求明确具体的结算方式，结算方式应为一种。

（3）正确处理示例见图 3-28。

7. 合同价格

合同价格的结算：中标价格-考核金扣除部分-违约金

7.1 发生下列情况的，合同价格可予调整：

工程项目若发生重大变化（非乙方原因），双方另行协商解决。

（1）本合同总价为暂定合同总价。

（2）本合同总价包括 90%的结算合同价格和 10%的激励约束价格。

（3）合同签署后，除执行《国家电网公司输变电工程设计施工监理激励办法（试行）》（国家电网基建〔2010〕172 号）及《国家电网公司勘察设计质量评价考核办法》（国家电网建设【2011】1152 号文）变动额度可以调整外，是完成合同所规定的所有勘察设计服务的全部报酬，不作调整。

（4）激励中的调减额度与合同考核金的扣减金额不重复计取，取二者扣减的最大值作为调整合同总价数额。

图 3-28　正确图示

（4）参考依据。

《中华人民共和国合同法》

《国家电网公司合同标准范本》

3.1.15　合同价格形式与工程招投标文件及工程实际结算形式不符

（1）案例描述。

合同签订时，合同协议书合同价格形式勾选与合同价格及其调整条款中的原则不符，造成结算风险。如合同专用条款约定了合同价格的调整方式，但在合同价格形式中却勾选了总价合同，约定不可调整合同价格，前后矛盾。

（2）错误问题示例见图 3-29。

五、签约合同价与合同价格形式

1. 签约合同价为：人民币（大写）壹佰柒拾陆万叁仟陆佰伍拾伍元整（¥1763655.00 元）（含税），具体价格构成详见《价格表》（附件 1）。

2. 合同价格形式：□单价合同 ■总价合同□其他合同价格形式。

六、合同组成部分

下列文件为本合同的组成部分：

（1）双方在合同履行过程中达成的纪要、协议等文件；

（2）合同协议书及其附件；

合同价格形式勾选错误，与合同价格及其调整的约定原则不符

图 3-29　错误图示

合同价专用条款中规定了具体的合同价格形式，但却在合同签订时将合同价格形式错选为总价合同，与规定不符。合同价专用条款依据如图 3-30 所示。

16　合同价格及其调整

16.1　（修改为）：

合同价格的确定：

（1）合同价格包括签约合同价以及按照合同约定进行的调整；

（2）合同价格包括承包人依据法律规定或合同约定应支付的规费和税金；

（3）签约合同价中列出的工程量清单，不得将其视为要求承包人实施的工程实际或准确的工作量，合同约定工程的某部分按照实际完成工程量进行支付的，应按照合同约定进行计量和估价，并据此调整合同价格。

16.2　（修改为）：

合同价格调整的范围

包括：法律法规变化，工程量变化、工程变更及签证，项目特征不符，工程量清单缺项、物价波动，暂列金额，暂估价，不可抗力以及发承包双方约定的其他事项。

图 3-30　合同价专用条款依据

（3）正确处理示例见图 3-31。

五、签约合同价与合同价格形式

1. 签约合同价为：人民币（大写）壹佰柒拾陆万叁仟陆佰伍拾伍元整（¥1763655.00 元）（含税），具体价格构成详见《价格表》（附件 1）。

2. 合同价格形式：□单价合同 □总价合同■其他合同价格形式。

六、合同组成部分

下列文件为本合同的组成部分：

（1）双方在合同履行过程中达成的纪要、协议等文件；

（2）合同协议书及其附件；

图 3-31　正确图示

合同价专用条款依据如图 3-32 所示。

16　合同价格及其调整

16.1　（修改为）：

合同价格的确定：

（1）合同价格包括签约合同价以及按照合同约定进行的调整；

（2）合同价格包括承包人依据法律规定或合同约定应支付的规费和税金；

（3）签约合同价中列出的工程量清单，不得将其视为要求承包人实施的工程实际或准确的工作量，合同约定工程的某部分按照实际完成工程量进行支付的，应按照合同约定进行计量和估价，并据此调整合同价格。

16.2　（修改为）：

合同价格调整的范围

包括：法律法规变化，工程量变化、工程变更及签证，项目特征不符，工程量清单缺项、物价波动，暂列金额，暂估价，不可抗力以及发承包双方约定的其他事项。

图 3-32　合同价专用条款依据

（4）参考依据。

《中华人民共和国合同法》

《国家电网公司合同标准范本》

3.1.16 合同约定新增综合单价组价原则存在矛盾

（1）案例描述。

施工合同中新增综合单价组价方式常在专用条款第 15 条、第 16 条进行约定，但部分合同在两个条款中约定不同的新增综合单价组价原则，给工程造成结算风险。

（2）错误问题示例见图 3-33。

执行国家电网公司输变电工程设计变更与现场签证管理办法。

15.4.3 修改为：

工程量清单中无适用或类似子目的单价，由双方按以下原则确定变更工作的单价：

（1）工程量清单中无适用或类似子目的单价的，由承包人根据变更工程资料、计量规则和计价办法、变更提出时信息价格和承包人报价折扣率提出变更工程项的单价，报发包人确定后调整。承包人报价折扣率=（中标价/投标最高限价）×100%。

（2）工程量清单中无适用或类似子目的单价，且信息价缺价的，由承包人根据变更工程资料、计量规则、计价办法和通过市场调查取得合法依据的市场价格，按照第（1）条方

签约合同价格已包含的工程量清单及其工程量变化，按照本章 16.1 款第（3）目执行。

16.2.3 （增加）：

工程变更及签证、项目特征不符、工程量清单缺项导致的合同价格调整，按承包人投标报价的工程量清单的组价方式进行调整。

16.2.4 （增加）：

物价波动引起的价格调整

两条款约定的新增综合单价组价原则不同

图 3-33 错误图示

此例工程施工合同同时约定两种合同调整方式，且前后矛盾。按《中华人民共和国合同法》规定，合同只有约定一种调整方式。

（3）正确处理示例见图 3-34。

执行国家电网公司输变电工程设计变更与现场签证管理办法。

15.4.3 修改为：

工程量清单中无适用或类似子目的单价，由双方按以下原则确定变更工作的单价：

（1）工程量清单中无适用或类似子目的单价的，由承包人根据变更工程资料、计量规则和计价办法、变更提出时信息价格和承包人报价折扣率提出变更工程项的单价，报发包人确定后调整。承包人报价折扣率=（中标价/投标最高限价）×100%。

（2）工程量清单中无适用或类似子目的单价，且信息价缺价的，由承包人根据变更工程资料、计量规则、计价办法和通过市场调查取得合法依据的市场价格，按照第（1）条方

16.2.2 （增加）：

签约合同价格已包含的工程量清单及其工程量变化，按照本章 16.1 款第（3）目执行。

16.2.3 （增加）：

工程变更及签证、项目特征不符、工程量清单缺项导致的合同价格调整，执行本章第 15.4.3 项。

16.2.4 （增加）：

物价波动引起的价格调整

因物价波动引起的价格调整，经发包人与承包人协商同意，按照如下约定处理：

图 3-34 正确图示

（4）参考依据。

《中华人民共和国合同法》

《国家电网公司合同标准范本》

3.1.17 合同中进度款支付原则不明确

（1）案例描述。

进度款支付原则是施工合同的重要组成部分，但部分施工合同只约定进度款的支付时间、支付周期，却没有约定进度款支付是按阶段结算工程价款的多少比例进行支付，给后期工程进度款管理带来不必要的纠纷。

（2）错误问题示例见图 3-35。

通用合同

17.3.3 进度付款证书和支付时间

（1）监理人在收到承包人进度付款申请单以及相应的支持性证明文件后的 14 天内完成核查，提出发包人到期应支付给承包人的金额以及相应的支持性材料，经发包人审查同意后，由监理人向承包人出具经发包人签认的进度付款证书。监理人有权扣发承包人未能按照合同要求履行任何工作或义务的相应金额。

（2）发包人应在监理人收到进度付款申请单后的 28 天内，将进度应付款支付给承包人。发包人不按期支付的，按专用合同条款的约定支付逾期付款违约金。

（3）监理人出具进度付款证书，不应视为监理人已同意、批准或接受了承包人完成的该部分工作。

（4）进度付款涉及政府投资资金的，按照国库集中支付等国家相关规定和专用合同条款的约定办理。

专用同合

17.3.3（2）修改为：

发包人收到上述资料后，如确认资料符合要求，应在 14 个工作日内完成审核并通知监理人向承包人出具经发包人签认的进度付款证书。如资料不合要求，发包人应及时通知承包人，由承包人将资料修改后重新申报。发包人应在签发进度付款证书后的 28 天内，将进度应付款支付给承包人。

专用合同中未约定按阶段结算工程价款的比例

17.4 质量保证金

标题修改为保留金

17.4.1 合同价格的 8%作为保留金（暂按签约合同价计算，最终合同价确定后，以最终合同

图 3-35 错误图示

专用合同中只约定了进度款的支付时间、支付周期，未约定具体支付比例，应在专用合同中增加工程款的支付比例条款。

（3）正确处理示例见图 3-36。

通用合同

17.3.3 进度付款证书和支付时间

（1）监理人在收到承包人进度付款申请单以及相应的支持性证明文件后的 14 天内完成核查，提出发包人到期应支付给承包人的金额以及相应的支持性材料，经发包人审查同意后，由监理人向承包人出具经发包人签认的进度付款证书。监理人有权扣发承包人未能按照合同要求履行任何工作或义务的相应金额。

（2）发包人应在监理人收到进度付款申请单后的 28 天内，将进度应付款支付给承包人。发包人不按期支付的，按专用合同条款的约定支付逾期付款违约金。

（3）监理人出具进度付款证书，不应视为监理人已同意、批准或接受了承包人完成的该部分工作。

（4）进度付款涉及政府投资资金的，按照国库集中支付等国家相关规定和专用合同条款的约定办理。

专用同合

17.3.3（2）修改为：

发包人收到上述资料后，如确认资料符合要求，应在 14 个工作日内完成审核并通知监理人向承包人出具经发包人签认的进度付款证书。如资料不合要求，发包人应及时通知承包人，由承包人将资料修改后重新申报。发包人应在签发进度付款证书后的 28 天内，将进度应付款支付给承包人。

17.3.3（5）（增加）：

进度付款证书和支付时间的其他约定如下：

发包人应在签发进度付款证书后的 28 天内，向承包人按不高于阶段结算计量工程价款的 85%向承包人支付工程进度款。

17.4 质量保证金

图 3-36 正确图示

（4）参考依据。

《中华人民共和国合同法》

《国家电网公司合同标准范本》

3.1.18 合同中保留金分项比例约定不明确

（1）案例描述。

施工合同约定了保留金的比例、包含内容，却未明确各分项内容的占比，给后期保留金的支付和扣减工作带来争议。

（2）错误问题示例见图 3-37。

17.4 质量保证金

标题修改为保留金

17.4.1 合同价格的 8%作为保留金（暂按签约合同价计算，最终合同价确定后，以最终合同价调整），由发包人从进度款中按合同约定的比例分期扣留，直至达规定金额。保留金包括：质量保证金和质量、安全文明、档案等考核金。

合同中未约定保留金各分项内容的占比

17.4.2 保留金按以下约定支付和扣减：

（1）本工程达到合同约定的安全目标的，试运行结束、取得发包人档案验收签证书并办理完工程移交手续后，承包人可通过监理人向发包人申请支付质量、安全、信息化应用、档案等考核金。发包人依据国家电网输变电工程业主项目部管理办法的要求在工程投运 1 个月内完成对承包人考核评价，并按照国家电网公司输变电工程结算管理办法规定的期限，根据考核评价结果调整最终结算价款。扣减比例为：得分率 90%及以上全额支付保留金（已按合同约定扣减考核金后的剩余保留金），90%以下的，每降低 1%，扣减保留金的 2%，扣完为止。

图 3-37 错误图示

本例合同只约定了保留金包含内容，未约定各项内容的具体占比，易造成争议，给后续工作增加困难。

（3）正确处理示例见图 3-38。

17.4 质量保证金

标题修改为保留金

17.4.1 合同价格的 8%作为保留金（暂按签约合同价计算，最终合同价确定后，以最终合同价调整），由发包人从进度款中按合同约定的比例分期扣留，直至达规定金额。保留金包括：质量保证金和质量、安全文明、档案等考核金，具体组成如下：

质量保证金 合同总价的 5%

安全考核金 合同总价的 1%

信息化应用考核金 合同总价的 1%

竣工资料移交、档案考核金 合同总价的 1%

17.4.2 保留金按以下约定支付和扣减：

（1）本工程达到合同约定的安全目标的，试运行结束、取得发包人档案验收签证书并办理完工程移交手续后，承包人可通过监理人向发包人申请支付质量、安全、信息化应用、档案等考核金。发包人依据国家电网输变电工程业主项目部管理办法的要求在工程投运 1 个月内完成对承包人考核评价，并按照国家电网公司输变电工程结算管理办法规定的期限，根

图 3-38 正确图示

（4）参考依据。

《中华人民共和国合同法》

《国家电网公司合同标准范本》

3.1.19 合同分项价格表金额错误

（1）案例描述。

合同所附分项价格表合计金额出现数量级错误，数值明显与货币单位不对应。

（2）错误问题示例见图 3-39。

分项价格表

序号	项　目	价格（万元）
1	黄铎堡 110kV 变电站工程	91.08
2	清水河－申庄 II 线 П 入黄铎堡 110kV 线路工程	69.00
合计		1600800

图 3-39　错误图示

本例中的分项价格表的价格出现数量级错误，价格总计为 160.08 万元，由于未注意价格单位，填写为 1600800 万元，发生严重错误。

（3）正确处理示例见图 3-40。

分项价格表

序号	项　目	价格（万元）
1	黄铎堡 110kV 变电站工程	91.08
2	清水河－申庄 II 线 П 入黄铎堡 110kV 线路工程	69.00
合计		160.08

图 3-40　正确图示

（4）参考依据。

《中华人民共和国合同法》

《国家电网公司合同标准范本》

3.1.20 合同中物价波动引起的价格调整方法不明确

（1）案例描述。

施工合同专用条款中，物价波动引起的材料、机械价格调整的基准价格、施工期间信息价的取定方法不明确，人材机调整费用的取费方式无描述，导致结算时价格调整出现争议。

（2）错误问题示例见图3-41。

16.2.4 （增加）：

物价波动引起的价格调整

因物价波动引起的价格调整，经发包人与承包人协商同意，按照如下约定处理：

（1）人工单价发生变化时，以投标时电力定额总站发布的工程所在地人工单价为基准价，按工程施工期电力定额总站发布的人工单价补差。

（2）承包人采购的可调整材料为：变电站建筑工程、线路工程包括砂、水泥、石子（或商品混凝土）、砖、钢材，超过±5%的部分予以调整。

（3）机械价格超过±10%的部分予以调整。

信息价取费方式未描述

图3-41 错误图示

专用合同条款中只写明了需要调整的人材机费用，未约定调整方式以及参照基准价等。

（3）正确处理示例见图3-42。

16.2.4 （增加）：

物价波动引起的价格调整

因物价波动引起的价格调整，经发包人与承包人协商同意，按照如下约定处理：

（1）人工单价发生变化时，以投标时电力定额总站发布的工程所在地人工单价为基准价，按工程施工期电力定额总站发布的人工单价补差。

（2）承包人采购的可调整材料调整为：变电站建筑工程、线路工程包括砂、水泥、石子（或商品混凝土）、砖、钢材，以工程所在地投标截止日前一个月的信息价为基准价，按施工工期内平均信息价与基准价之差超过±5%的部分予以调整。

（3）机械价格发生变化时，以投标时电力定额总站发布的工程所在地施工机械使用费为基准价，工程施工期内电力定额总站发布的所在地施工机械使用费与基准价之差超过±10%的部分予以调整。

（4）人工、材料、机械价格调整费用不作为其他费用的计取基数，只计取税金。

图3-42 正确图示

（4）参考依据。

《中华人民共和国合同法》

《国家电网公司合同标准范本》

3.1.21 合同专用条款中约定的质量保留金金额与工程质量保修书不一致

（1）案例描述。

施工合同的合同专用条款约定的工程质量保证金和工程质量保修书中的质量保证金描述不一致，后期管理出现争议。

（2）错误问题示例见图 3-43。

××合同

17.4 保留金

17.4.1 合同价格的15%作为保留金（暂按签约合同价计算，最终合同价确定后，以最终合同价调整），由发包人从进度款中按合同约定的比例分期扣留，直至达规定金额。保留金包括：质量保证金和质量、安全、档案等考核金，其中：

（1）质量保证金为合同价格的12%；

（2）质量、安全、档案等考核金总计为合同总价的3%。其中，质量、安全、档案考核金均为合同价格的1%。

17.4.2 保留金按以下约定支付和扣减：

工程质量保修书

4. 质量保修完成后，由监理人组织验收。

5. 工程质量保留金为合同价金额 5%，支付方式执行专用条款。

四、保修费用

工程质量保证金与合同中的不一致

图 3-43 错误图示

合同专用条款中规定质量保证金为合同价格的 12%，而工程质量保修书中此数值为 5%，两者不一致。

（3）正确处理示例见图 3-44。

××合同

17.4 保留金

17.4.1 合同价格的15%作为保留金（暂按签约合同价计算，最终合同价确定后，以最终合同价调整），由发包人从进度款中按合同约定的比例分期扣留，直至达规定金额。保留金包括：质量保证金和质量、安全、档案等考核金，其中：

（1）质量保证金为合同价格的12%；

（2）质量、安全、档案等考核金总计为合同总价的3%。其中，质量、安全、档案考核金均为合同价格的1%。

17.4.2 保留金按以下约定支付和扣减：

工程质量保修书

4. 质量保修完成后，由监理人组织验收。

5. 工程质量保留金为合同价金额12%，支付方式执行专用条款。

四、保修费用

图 3-44 正确图示

（4）参考依据。

《中华人民共和国合同法》

《国家电网公司合同标准范本》

3.1.22 设计合同通用条款引用监理合同条款

（1）案例描述。

设计合同通用条款的“受托方的权利和义务”部分，引用了监理合同的相关条款。

（2）错误问题示例见图 3-45。

2.2 受托方的权利和义务

2.2.1 受托方应按合同约定提供工程监理服务。受托方在根据本合同履行其义务时，应运用合理的技能，谨慎勤勉地工作，并应对工程量计量和费用调整的真实性、合法性、准确性和完整性负责。

2.2.2 当服务包括行使权力或履行授权的职责，或当委托方和被监理人签订的任何合同条款需要时，受托方应：

2.2.3 根据委托方和被监理人签订的合同进行工作。

设计合同通用条款错误引用监理合同相关条款

图 3-45 错误图示

设计合同通用条款的“受托方权利和义务”部分，引用了监理合同的相关条款。

（3）正确处理示例见图 3-46。

2.2 受托方的权利和义务

2.2.1 受托方应按照国家、行业或省级地方的标准、规程、规范、委托方的设计要求进行勘察设计工作，严格掌握设计标准，降低工程造价。

2.2.2 受托方应负责对外联系并取得勘察许可证，并对勘察、测量、水文成果的真实性、完整性、准确性负责。

2.2.3 受托方应按照本合同约定的交付时间及份数向委托方交付设计文件，并对委托范围内的勘察设计成果的真实性、合法性、完整性、准确性负责。除上述文件外，受托方应按委托方资产管理的要求提供以下符合委托方要求的文件：

图 3-46 正确图示

（4）参考依据。

《中华人民共和国合同法》

《国家电网公司合同标准范本》

3.1.23 合同协议条款与招标文件协议内容不符

（1）案例描述。

设计合同签订的设计质量条款与招标文件协议条款不符，且无满足工程达标创优要求的相关条款。

（2）错误问题示例见图 3-47。

设计合同的设计质量要求与招标文件的要求不同，且没有提及工程达标创优要求。

招标文件

严格执行国家、行业、国家电网公司工程建设管理的法律、法规和规章制度，贯彻国家、行业和国家电网公司现行设计技术规范及设计管理规定，保证工程满足国家和行业施工验收规范的要求。

1 技术质量目标

国家电网公司输变电工程设计质量评价得分率>95%，争创工程优秀设计目标，不发生由于设计责任造成的六级及以上质量事件；工程使用寿命满足国家电网公司质量要求。

2 投资控制目标

在满足安全质量的前提下，优化工程技术方案，合理控制工程造价，保证工程概算不超估算，严格规范建设过程中设计变更、现场签证，确保变更造价控制在工程预备费的50%以内，实现工程造价与结算管理目标。

3 其他目标

3.1乙方应切实贯彻国家电网公司“三通一标”、“两型三新”、“两型一化”及智能化变电站建设相关要求。

3.2 工程创优情况：满足工程达标创优相关要求。

与招标文件不符

合同协议

严格执行国家、行业、国家电网公司工程建设管理的法律、法规和规章制度，贯彻国家、行业和国家电网公司现行设计技术规范及设计管理规定，保证工程满足国家和行业施工验收规范的要求。

1 技术质量目标

国家电网公司输变电工程设计质量评价得分率>90%，争创工程优秀设计目标，不发生由于设计责任造成的六级及以上质量事件；工程使用寿命满足国家电网公司质量要求。

2 投资控制目标

在满足安全质量的前提下，优化工程技术方案，合理控制工程造价，保证工程概算不超估算，严格规范建设过程中设计变更、现场签证，确保变更造价控制在工程预备费的50%以内，实现工程造价与结算管理目标。

缺工程达标创优要求

3 其他目标

乙方应切实贯彻国家电网公司“三通一标”、“两型三新”、“两型一化”及智能化变电站建设相关要求。

图3-47 错误图示

（3）正确处理示例见图3-48。

招标文件

和规章制度，贯彻国家、行业和国家电网公司现行设计技术规范及设计管理规定，保证工程满足国家和行业施工验收规范的要求。

1 技术质量目标

国家电网公司输变电工程设计质量评价得分率>95%，争创工程优秀设计目标，不发生由于设计责任造成的六级及以上质量事件；工程使用寿命满足国家电网公司质量要求。

2 投资控制目标

在满足安全质量的前提下，优化工程技术方案，合理控制工程造价，保证工程概算不超估算，严格规范建设过程中设计变更、现场签证，确保变更造价控制在工程预备费的50%以内，实现工程造价与结算管理目标。

3 其他目标

3.1乙方应切实贯彻国家电网公司“三通一标”、“两型三新”、“两型一化”及智能化变电站建设相关要求。

3.2 工程创优情况：满足工程达标创优相关要求。

合同协议

和规章制度，贯彻国家、行业和国家电网公司现行设计技术规范及设计管理规定，保证工程满足国家和行业施工验收规范的要求。

1 技术质量目标

国家电网公司输变电工程设计质量评价得分率>95%，争创工程优秀设计目标，不发生由于设计责任造成的六级及以上质量事件；工程使用寿命满足国家电网公司质量要求。

2 投资控制目标

在满足安全质量的前提下，优化工程技术方案，合理控制工程造价，保证工程概算不超估算，严格规范建设过程中设计变更、现场签证，确保变更造价控制在工程预备费的50%以内，实现工程造价与结算管理目标。

3 其他目标

3.1乙方应切实贯彻国家电网公司“三通一标”、“两型三新”、“两型一化”及智能化变电站建设相关要求。

3.2 工程创优情况：满足工程达标创优相关要求。

图3-48 正确图示

（4）参考依据。

《中华人民共和国合同法》

《国家电网公司合同标准范本》

3.2 招标文件与投标报价的相关问题

3.2.1 投标报价中大小写金额不一致

（1）案例描述。

投标报价中，投标小写金额和投标大写金额不一致，金额通常以大写为准，但容易造成报价明细与报价函不一致。

（2）错误问题示例见图3-49。

投标函价格表

招标编号：GWFW-NX-1402

分标编号：JJJL

分包编号：ND

投 标 人：××工程监理有限责任公司　　　　货币：人民币

包号	投标总价	下浮比例（%）
ND	金额（小写）：126.88万元	百分比：5%
	大写：壹佰贰拾陆万玖仟捌佰元整	

注：1. 投标人应就其所投的包按照投标人须知第4.1条和第4.2

图3-49　错误图示

投标总价的小写金额为126.88万元，而大写金额对应为126.98万元，与小写金额不一致。

（3）正确处理示例见图3-50。

投标函价格表

招标编号：GWFW-NX-1402

分标编号：JJJL

分包编号：ND

投 标 人：××工程监理有限责任公司　　　　货币：人民币

包号	投标总价	下浮比例（%）
ND	金额（小写）：126.98万元	百分比：5%
	大写：壹佰贰拾陆万玖仟捌佰元整	

注：1. 投标人应就其所投的包按照投标人须知第4.1条和第4.2

图3-50　正确图示

（4）参考依据。

《中华人民共和国招标投标法》

国家电网公司招标投标相关制度规定

3.2.2 投标报价中个别清单项未报价

（1）案例描述。

施工单位投标报价中存在空报价、个别清单项目未报价现象，造成施工单位费用损失。

（2）错误问题示例见图 3-51。

BT1101C11001	地面整体面层	度、强度等级：混凝土 C25	m²	399.6	316.64	70.39	198.35	10.15	126529	28126	79259	4057
BT1101C11002	地面整体面层	1. 面层材质、厚度、强度等级：瓷砖	m²	115	400.16	66.03	272.29	10.27	46019	7594	31314	1181
BT1101C11003	地面整体面层	1. 面层材质、厚度、强度等级：混凝土 C25	m²	15								
BT1101C11004	地面整体面层	1. 面层材质、厚度、强度等级：瓷砖	m²	45	250.53	21.77	197.71	0.13	11274	980	8897	6
BT1101C19001	室内沟道、隧道盖板	1. 盖板材质：镀锌钢盖板	t	6.975	7184.86	257.82	5512.52	456.39	50114	1798	38450	3183

清单项目未报价

图 3-51 错误图示

投标报价表中有一项未报价，未报价会给施工单位造成一定损失，因此必须保证所有清单项目均报价。

（3）正确处理示例见图 3-52。

BT1101C11001	地面整体面层	度、强度等级：混凝土 C25	m²	399.6	316.64	70.39	198.35	10.15	126529	28126	79259	4057
BT1101C11002	地面整体面层	1. 面层材质、厚度、强度等级：瓷砖	m²	115	400.16	66.03	272.29	10.27	46019	7594	31314	1181
BT1101C11003	地面整体面层	1. 面层材质、厚度、强度等级：混凝土 C25	m²	15	63.06	7.98	48.74	0.21	946	120	731	3
BT1101C11004	地面整体面层	1. 面层材质、厚度、强度等级：瓷砖	m²	45	250.53	21.77	197.71	0.13	11274	980	8897	6
BT1101C19001	室内沟道、隧道盖板	1. 盖板材质：镀锌钢盖板	t	6.975	7184.86	257.82	5512.52	456.39	50114	1798	38450	3183

图 3-52 正确图示

（4）参考依据。

《中华人民共和国招标投标法》

国家电网公司招标投标相关制度规定

（5）特别说明。

投标清单中未报价清单项目的价格包含在总投标报价中。

3.2.3 投标报价中增列清单项目

（1）案例描述。

投标报价中施工单位增列清单项目，但未对其报价，容易造成后续清单结算时，再发生此清单包含的内容无法新增综合单价进行结算。在投标报价时，不应私自增加工程量清单，如必须增加清单，应采用质疑—澄清的方式，通知招标方补充清单。

（2）错误问题示例见图 3-53。

此例投标报价表中新增一项“室外排水管理”，且未对其报价，给后续清单结算增加困难。

72	BT6201M29001	室外消防水管道	1. 管道材质、型号、规格：无缝钢管Φ200×5	m	60	290.07	102.17	108.95	36.67	17404	6130	6537	2200
72	BT6201M30001	室外排水管道	1. 管道材质、型号、规格：HDPE双壁波纹排水管	m	30								
73	BT6201M30002	室外排水管道	1. 管道材质、型号、规格：HDPE双壁波纹排水管	m	200	189.49	38.16	127.96	2.07	37899	7631	25593	414
74	BT6202M33001	井、池	1. 井池名称、材质：检查井 2. 参考图集：宁	m³	46	343.28	64.13	234.77	7.77	15791	2950	10799	358
75	BT6202M33002	井、池	1. 井池名称、材质：2m3化粪池 2. 参考图集：宁	m³	2	822.98	176.9	526.76	31	1646	354	1054	62

私自增加清单项目

图 3-53　错误图示

（3）正确处理示例见图 3-54。

72	BT6201M29001	室外消防水管道	1. 管道材质、型号、规格：无缝钢管Φ200×5	m	60	290.07	102.17	108.95	36.67	17404	6130	6537	2200
73	BT6201M30002	室外排水管道	1. 管道材质、型号、规格：HDPE双壁波纹排水管	m	200	189.49	38.16	127.96	2.07	37899	7631	25593	414
74	BT6202M33001	井、池	1. 井池名称、材质：检查井 2. 参考图集：宁	m³	46	343.28	64.13	234.77	7.77	15791	2950	10799	358
75	BT6202M33002	井、池	1. 井池名称、材质：2m3化粪池 2. 参考图集：宁	m³	2	822.98	176.9	526.76	31	1646	354	1054	62

图 3-54　正确图示

（4）参考依据。

《中华人民共和国招标投标法》

国家电网公司招标投标相关制度规定

（5）特别说明。

自行增加清单中未包含的报价会占用甲方给定限价。

3.2.4　综合单价未按招标文件要求编制—将甲供材料计入综合单价

（1）案例描述。

工程施工招投标，招标文件规定甲供材料、设备不计入综合单价，而施工单位在投标报价中将甲供材料计入综合单价。

（2）错误问题示例见图 3-55。

序号	项目编码	项目名称	计量单位	综合单价组成						综合单价
				人工费	材料费		机械费	管理费	利润	
					投标人采购	招标人采购				
6	BT2101K12001	钢管构支架	t	175.12	294.3	7200.95	346.9	648.06	502.1	9167.42
7	BT2101K15001	钢结构构支架梁	t	101.68	118.88	7200.95	372.65	630.98	488.87	8914
8	BT2101K12002	钢管构支架 附件	t	81.76	78.42	7200.95	323.15	622.28	482.12	8788.68
	BT2102	2.1.2 主变压器设备基础								
9	BT2102A17001	挖坑槽石方	m³	63.29	15.66		1.36	6.21	4.81	91.32
10	BT2102A18001	回填方	m³	0.25			6.14	0.52	0.4	7.31

误将甲供材料计入综合单价

图 3-55　错误图示

本例误将甲供材料费，即招标人采购材料费计入综合单价，致使综合单价错误，影响后续结算。

（3）正确处理示例见图 3-56。

序号	项目编码	项目名称	计量单位	综合单价组成						综合单价
				人工费	材料费		机械费	管理费	利润	
					投标人采购	招标人采购				
6	BT2101K12001	钢管构支架	t	175.12	294.3	7200.95	346.9	648.06	502.1	1966.47
7	BT2101K15001	钢结构构支架梁	t	101.68	118.88	7200.95	372.65	630.98	488.87	1713.05
8	BT2101K12002	钢管构支架 附件	t	81.76	78.42	7200.95	323.15	622.28	482.12	1587.73
	BT2102	2.1.2 主变压器设备基础								
9	BT2102A17001	挖坑槽石方	m³	63.29	15.66		1.36	6.21	4.81	91.32
10	BT2102A18001	回填方	m³	0.25			6.14	0.52	0.4	7.31

图 3-56　正确图示

（4）参考依据。

《中华人民共和国招标投标法》

国家电网公司招标投标相关制度规定

3.2.5　投标报价书中对规费进行竞争性报价

（1）案例描述。

招标清单中规定了社会保险费费率，但施工单位投标报价书中对社会保险费费率报价低于招标文件规定的社保费率，对社保费用进行竞争性报价并且中标，该项目属于应废未废项目。

（2）错误问题示例见图 3-57。

规费、税金项目清单

工程名称：××35kV输变电工程白家滩35kV变电站新建

序号	项目名称	费率	备注
-	规费		
	建筑规费项目		
—)	社会保险费	29%×0.18=5.22%	投标不得低于此费率
	养老保险费		
	失业保险费		

投标报价书

	社会保险费		100	111939
.1	养老保险费	(建筑直接工程费+建筑措施二直接工程费)*0.18	20	79956
.2	失业保险费	(建筑直接工程费+建筑措施二直接工程费)*0.18	2	7996
.3	医疗保险费	(建筑直接工程费+建筑措施二直接工程费)*0.18	6	23987
.4	生育保险费	(建筑直接工程费+建筑措施二直接工程费)*0.18	0	0
.5	工伤保险费	(建筑直接工程费+建筑措施二直接工程费)*0.18	0	0

保险费低于招标文件规定

图 3-57　错误图示

投标报价书中的生育保险费、工伤保险费费率均为 0，低于招标文件中规定的费率 5.22%。

（3）正确处理示例见图 3-58。

规费、税金项目清单

工程名称：××35kV输变电工程白家滩35kV变电站新建

序号	项目名称	费率	备注
-	规费		
	建筑规费项目		
(一)	社会保险费	29%×0.18=5.22%	投标不得低于此费率
	养老保险费		
	失业保险费		

投标报价书

1	社会保险费		100	115936
1.1	养老保险费	(建筑直接工程费+建筑措施二直接工程费)*0.18	20	79956
1.2	失业保险费	(建筑直接工程费+建筑措施二直接工程费)*0.18	2	7996
1.3	医疗保险费	(建筑直接工程费+建筑措施二直接工程费)*0.18	6	23987
1.4	生育保险费	(建筑直接工程费+建筑措施二直接工程费)*0.18	0.5	1999
1.5	工伤保险费	(建筑直接工程费+建筑措施二直接工程费)*0.18	0.5	1999
2	住房公积金	(建筑直接工程费+建筑措施二直	12	47974

图 3-58 正确图示

（4）参考依据。

《中华人民共和国招标投标法》

国家电网公司招标投标相关制度规定

3.2.6 投标报价未按招标清单的甲供材料数量、单价的要求进行报价

（1）案例描述。

招标工程量清单规定了招标人采购材料的数量、单价，但投标未按招标清单的甲供材料单价的要求进行报价。

（2）错误问题示例见图 3-59。

招标人采购材料（设备）表

序号	材料(设备)名称	型号规格	计量单位	数量	单价	合价
	招标人采购材料					
C01020125	钢梁(成品)		t	14.384	8400	120828.708
C01020143	零星钢构件(成品)		t	0.442	8400	3714.48
C01020148	构支架附件(成品)		t	3.054	8400	25654.028
C01020149	避雷针塔(成品)		t	7.893	8400	66300.234
C16110101	镀锌钢管构架		t	92.031	8400	773059.888

招标人采购材料（设备）计价表

序号	材料(设备)名称	型号规格	计量单位	数量	单价	合价
	招标人采购材料					
C01020125	钢梁(成品)		t	14.384	8000	120828.708
C01020143	零星钢构件(成品)		t	0.442	8000	3714.48
C01020148	构支架附件(成品)		t	3.054	8000	25654.028
C01020149	避雷针塔(成品)		t	7.893	8000	66300.234
C16110101	镀锌钢管构架		t	92.031	8000	773059.888

投标清单的单价与招标清单的单价不符

图 3-59 错误图示

招标人采购材料（设备）表中已规定了采购材料的数量、单价，而招标人采购材料

（设备）计价表中的材料单价与规定的单价不一致。

（3）正确处理示例见图 3-60。

招标人采购材料（设备）表

序号	材料（设备）名称	型号规格	计量单位	数量	单价	合价
	招标人采购材料					
C01020125	钢梁（成品）		t	14.384	8400	120828.708
C01020143	零星钢构件（成品）		t	0.442	8400	3714.48
C01020148	构支架附件（成品）		t	3.054	8400	25654.028
C01020149	避雷针塔（成品）		t	7.893	8400	66300.234
C16110101	镀锌钢管构架		t	92.031	8400	773059.888

招标人采购材料（设备）计价表

序号	材料（设备）名称	型号规格	计量单位	数量	单价	合价
	招标人采购材料					
:01020125	钢梁（成品）		t	14.384	8400	120828.708
:01020143	零星钢构件（成品）		t	0.442	8400	3714.48
:01020148	构支架附件（成品）		t	3.054	8400	25654.028
:01020149	避雷针塔（成品）		t	7.893	8400	66300.234
:16110101	镀锌钢管构架		t	92.031	8400	773059.888

图 3-60 正确图示

（4）参考依据。

招标文件否决条件。部分招标文件否决条件如图 3-61 所示。

21	改变工程量清单	已标价的工程量清单中的工程量与招标文件工程量清单中的工程量应完全一致，投标人擅自改变工程量清单（包括工程量、暂估价、暂列金额、招标人提供设备、材料表、项目特征等内容）的。
22	非竞争性费用	（1）安全文明施工费：未按照招标文件规定足额计取安全文明施工费并独立报价的； （2）规费：未按照规定计取社会保险费、住房公积金、危险作业以外伤害保险费的； （3）税金：未按照国家或省级、行业建设主管部门的规定计价的。

图 3-61 部分招标文件否决条件

3.2.7 投标单位未按招标清单要求，自行修改清单项目特征

（1）案例描述。

施工招投标中，投标人改变招标清单中项目特征进行投标，应废未废，给工程结算造成争议。

（2）错误问题示例见图 3-62。

建筑分部分项工程量清单

序号	项目编码	项目名称	项目特征	计量单位	工程量	备注
:	BT1301B12001	独立基础	1.垫层种类、混凝土强度等级、厚度：素混凝土 C15 100mm 2.基础混凝土种类、混凝土强度等级：钢筋混凝土 C30 3.砌体种类、规格：空心砖 4.砂浆强度等级：M10	m³	85.53	

建筑分部分项工程量清单计价表

序号	项目编码	项目名称	项目特征	计量单位	工程量	单价	合价
						综合单价	合计
:	BT1301B12001	独立基础	1.基础混凝土种类、混凝土强度等级：钢筋混凝土 C30	m³	85.53	508.78	43516

项目特征比工程量清单规定的项目特征少三项

图 3-62 错误图示

工程量清单计价表中的项目特征描述与工程量清单中的项目特征描述不一致，缺少部分特征描述，给项目结算引起争议。

（3）正确处理示例见图 3-63。

建筑分部分项工程量清单

序号	项目编码	项目名称	项目特征	计量单位	工程量	备注
2	BT1301B12001	独立基础	1. 垫层种类、混凝土强度等级、厚度：素混凝土 C15 100mm 2. 基础混凝土种类、混凝土强度等级：钢筋混凝土 C30 3. 砌体种类、规格：空心砖 4. 砂浆强度等级：M10	m³	85.53	

建筑分部分项工程量清单计价表

序号	项目编码	项目名称	项目特征	计量单位	工程量	单价	合价
						综合单价	合计
2	BT1301B12001	独立基础	1. 垫层种类、混凝土强度等级、厚度：素混凝土 C15 100mm 2. 基础混凝土种类、混凝土强度等级：钢筋混凝土 C30 3. 砌体种类、规格：空心砖 4. 砂浆强度等级：M10	m³	85.53	508.78	43516

图 3-63 正确图示

（4）参考依据。

招标文件否决条件。部分招标文件否决条件如图 3-64 所示。

21	改变工程量清单	已标价的工程量清单中的工程量与招标文件工程量清单中的工程量应完全一致，投标人擅自改变工程量清单（包括工程量、暂估价、暂列金额、招标人提供设备、材料表、项目特征等内容）的。
22	非竞争性费用	（1）安全文明施工费：未按照招标文件规定足额计取安全文明施工费并独立报价的； （2）规费：未按照规定计取社会保险费、住房公积金、危险作业以外伤害保险费的； （3）税金：未按照国家或省级、行业建设主管部门的规定计价的。

图 3-64 部分招标文件否决条件

第4章 建设过程结算典型案例

过程造价管理贯穿项目建设的始终，高质量开展过程造价管理、细化过程结算计划是提升工程结算质量和效率的有效途径之一，是技经管理风险防控的主要手段。输变电工程建设过程造价管理包括技经交底、现场签证报审、新增综合单价报审、分部结算等多项内容。过程结算管理是编制竣工结算的依据，对工程造价控制具有重要意义。为进一步加强输变电工程造价管理，合理控制工程造价，变"事后整改"为"事前预防"，提升工程过程管理的质量与效率，本章梳理了技经交底、设计变更及现场签证、新增综合单价、进度款支付、分部结算五方面建设过程结算的典型案例。

4.1 技经交底不准确、不清晰

4.1.1 技经交底时未明确施工、设计、监理职责界面

（1）案例描述。

工程开工后开展技经交底时，对施工、设计、监理职责未进行明确，照搬合同内容。主要是由于交底方未将施工、设计、监理各条款透彻了解，断章取义。在工程技经交底时，应对施工、设计、监理在该工程中的相关职责用精练语言进行交底。

（2）错误问题示例见图4-1。

二、设计合同内容交底

1、设计合同价格

合同价格为人民币（大写）壹佰壹拾陆万肆仟伍佰元整（¥116.45万元）（含税）。

……

5、违约责任

11.1.1 甲方解除合同的，乙方应按照合同价格的 10 %支付违约金。

11.1.2 乙方应按照合同价格的 2 %支付违约金。

11.1.3 乙方应按照合同价格的 2 %支付违约金。

11.1.4 乙方应按照合同价格的 5 %支付违约金。

11.1.5 乙方应按照合同价格的 10 %支付违约金。

11.1.6 乙方应按照合同价格的 2 %支付违约金。

未明确不同责任方违约责任

图4-1 错误图示

该例未根据合同内容对施工、设计、监理方的不同违约责任进行交底。

（3）正确处理示例见图 4-2。

二、设计合同内容交底

线路部分的设计合同共四份，分别为：包 1 ，包 2 ，包 3 ，包 4

5、违约责任

（1）因勘察设计问题引起返工造成损失的，由乙方继续完善勘察设计任务，甲方有权按损失的大小扣减勘察设计费，并按照合同价格的 10%支付违约金。

（2）因乙方原因造成设计文件、第 2.2.20 条所述的招标文件等出现遗漏或错误的，乙方应及时负责修改或补充，并按照合同价格的 15%支付违约金。

（3）由于乙方原因发生重大设计变更，甲方有权扣减合同价款，按照合同价格的 15%支付违约金。

图 4-2 正确图示

（4）参考依据。

国网宁夏电力公司《工程造价过程管理实施办法（试行）》

4.1.2 技经交底时未明确施工合同甲乙方建设场地征用职责划分

（1）案例描述。

在开展技经交底时，对业主和施工方建设场地征用职责划分未进行明确，导致开工后因征地问题产生争议。这主要是由于交底方未对业主与施工方建设场地征用职责划分未进行明确，且业主方与施工方未仔细查看合同条款导致。

（2）错误问题示例见图 4-3。

三、施工合同内容交底

1、施工合同价款及承包范围

[illegible]送变电工程有限公司施工的[illegible]标段：[illegible]标段起于[illegible]，止于[illegible]。签约合同价为：人民币（大写）[illegible]元整（¥[illegible] 万元 ）（含税）。其中：安全文明施工费[illegible]万元；暂列金额[illegible]万元。

承包的工程范围：本期施工图设计范围内所有工作量，包括但不限于：全部本体基础、组塔、架线（包括 OPGW 架设）、附件安装、间隔扩建及调试等施工相关工作。

未明确建设场地征用责任

图 4-3 错误图示

该例未明确建设场地征用职责划分，应根据合同条款对建设场地职责加以明确。

（3）正确处理示例见图 4-4。

三、施工合同内容交底

1、施工合同价款及承包范围

[illegible]送变电工程有限公司施工的[illegible]标段：[illegible]标段起于[illegible]，止于[illegible]。签约合同价为：人民币（大写）[illegible]元整（¥[illegible] 万元 ）（含税）。其中：安全文明施工费[illegible]万元；暂列金额[illegible]万元。

承包的工程范围：本期施工图设计范围内所有工作量，包括但不限于：全部本体基础、组塔、架线（包括 OPGW 架设）、附件安装、间隔扩建及调试等施工相关工作，建设场地征用（永久征地、青苗赔偿、余物清理等相关工作）。

图 4-4 正确图示

（4）参考依据。

国网宁夏电力公司《工程造价过程管理实施办法（试行）》

4.1.3 技经交底时未明确施工合同规费、措施费结算原则

（1）案例描述。

在开展技经交底时，对施工合同规费、措施费结算原则未进行交底，导致分阶段结算时，规费、措施费按分部分项工程量清单费用进行了调整。主要是该工程施工合同中未明确规费、措施费调整方式，而在招标文件专用部分明确为总价承包结算时不调整。由于交底方只交底合同内容，未对招标文件内容进行交底导致。

（2）错误问题示例见图 4-5。

5、结算原则

（1）工程量清单中无适用或类似子目的单价，由承包人根据变更工程资料、计量规则和计价办法、变更提出时信息价格和承包人报价折扣率提出变更工程项的单价，报发包人确定后调整。承包人报价折扣率=（中标价/投标最高限价）×100%。

（2）工程量清单中无适用或类似子目的单价，且信息价缺价的，由承包人根据变更工程资料、计量规则、计价办法和通过市场调查取得合法依据的市场价格，按照第（1）条方式提出变更工程项综合单价，报发包人确定后调整 。

（3）其他项目清单中以“项”为单位的项目不可调整（暂列金额除外）。因非承包商原因的新增项目，经发包人同意后可据实调整。

（4）措施费（一）：____________。

（5）规费的调整：____________。

（6）税金的调整：____________。

合同未明确措施费、规费等调整方式

第十三章工程量清单及投标报价说明

1 工程量清单说明

1.1 本工程量清单是根据招标文件中包括的、有合同约束力的图纸以及有关工程量清单的国家标准、行业标准、合同条款中约定的工程量计算规则编制。计量采用中华人民共和国法定计量单位。

1.2 本工程量清单应与招标文件中的投标人须知、通用合同条款、专用合同条款、技术标准和要求及图纸等一起阅读和理解。

1.3 本工程量清单仅是投标报价的共同基础，实际工程计量和工程价款的支付应遵循合同条款的约定和“工程技术规范书”的有关规定。

1.4 补充子目工程量计算规则及子目工作内容说明：

无。

2 投标报价说明

2.1 投标报价包含的费用：

见工程量清单。

2.2 投标报价计算：报价书的计算应依据企业实际参照电力行业现行规定。

投标报价应参照下列依据编制，包括但不限于：招标文件、工程量清单及其补充通知、答疑纪要；建设工程设计文件及相关资料；施工现场情况、工程特点及拟定的投标施工组织设计或施工方案；与建设项目相关的标准、规范等技术资料；其它相关资料。

2.3 投标报价方式

2.3.1 总价承包部分报价说明：总价承包为固定不变价，计入合同。**总价承包部分：措施费（一）、规费。**

2.4 工程量清单中的每一子目须填入单价或价格，且只允许有一个报价。

2.5 工程量清单中投标人没有填入单价或价格的子目，其费用视为已分摊在工程量清单中其他相关子目的单价或价格之中。

招标文件明确为总价承包结算时不调整

图 4-5 错误图示

该例合同中未明确措施费、规费等的调整方式，而招标文件明确为“总结承包为固定不变价，计入合同”。因未对招标文件内容进行交底导致分阶段结算时，规费、措施费按分部分项工程量清单费用进行了调整。应在合同中明确施工合同规费、措施费结算原则，并进行技经交底。

（3）正确处理示见图4-6。

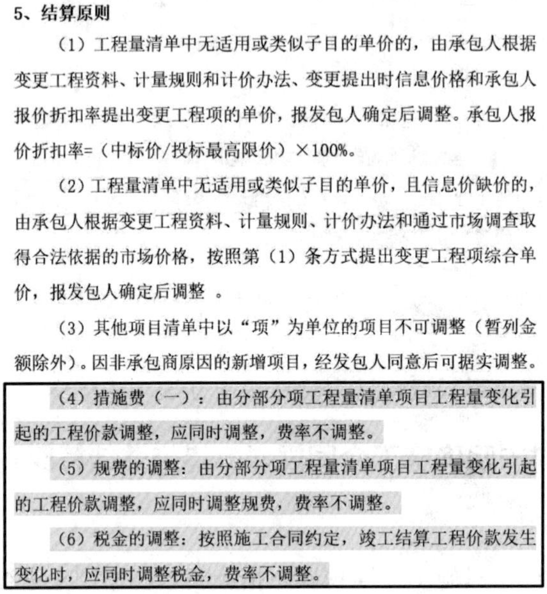

5、结算原则

（1）工程量清单中无适用或类似子目的单价的，由承包人根据变更工程资料、计量规则和计价办法、变更提出时信息价格和承包人报价折扣率提出变更工程项的单价，报发包人确定后调整。承包人报价折扣率=（中标价/投标最高限价）×100%。

（2）工程量清单中无适用或类似子目的单价，且信息价缺价的，由承包人根据变更工程资料、计量规则、计价办法和通过市场调查取得合法依据的市场价格，按照第（1）条方式提出变更工程项综合单价，报发包人确定后调整 。

（3）其他项目清单中以“项”为单位的项目不可调整（暂列金额除外）。因非承包商原因的新增项目，经发包人同意后可据实调整。

（4）措施费（一）：由分部分项工程量清单项目工程量变化引起的工程价款调整，应同时调整，费率不调整。

（5）规费的调整：由分部分项工程量清单项目工程量变化引起的工程价款调整，应同时调整规费，费率不调整。

（6）税金的调整：按照施工合同约定，竣工结算工程价款发生变化时，应同时调整税金，费率不调整。

图4-6 正确图示

（4）参考依据。

国网宁夏电力公司《工程造价过程管理实施办法（试行）》

4.2 设计变更及现场签证不规范

4.2.1 设计变更审批单变更内容不完整或无变更内容

（1）案例描述。

在工程建设阶段，工程设计变更审批单中对变更内容没有进行描述，而变更主要内容描述在附表中，且附表无监理、业主签字确认，存在审批与内容分离，有换页隐患。该设计单位未严格执行《国家电网公司输变电工程设计变更与现场签证管理办法》[国网（基建/3）185—2015] 相关要求。

（2）错误问题示例见图4-7。

该例中未在工程设计变更审批单对变更内容加以描述，而以附件形式呈现，存在审批与内容分离，有换页隐患。应在审批单中列明且附件须监理、业主签字确认。

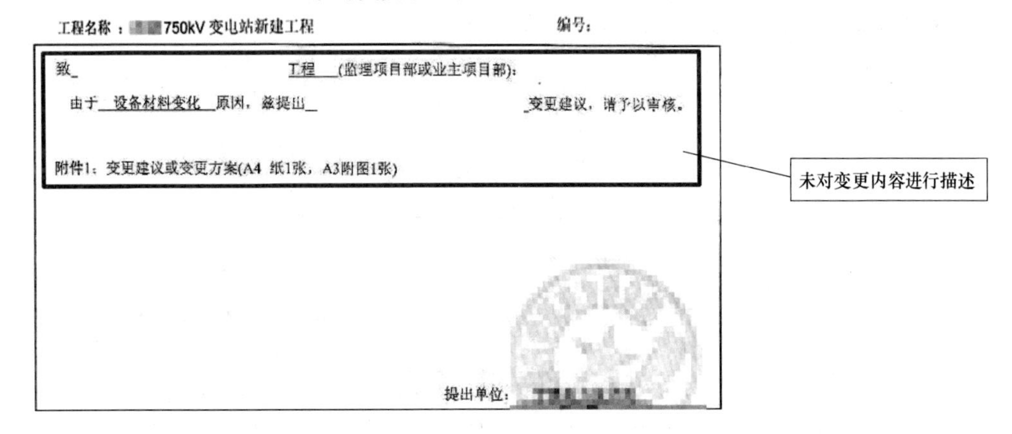
工程设计变更审批单

工程名称：[illegible]750kV变电站新建工程　　编号：

致______工程（监理项目部或业主项目部）：

由于设备材料变化原因，兹提出______变更建议，请予以审核。

附件1：变更建议或变更方案(A4 纸1张，A3附图1张)

提出单位：

图 4-7　错误图示

（3）正确处理示例见图 4-8。

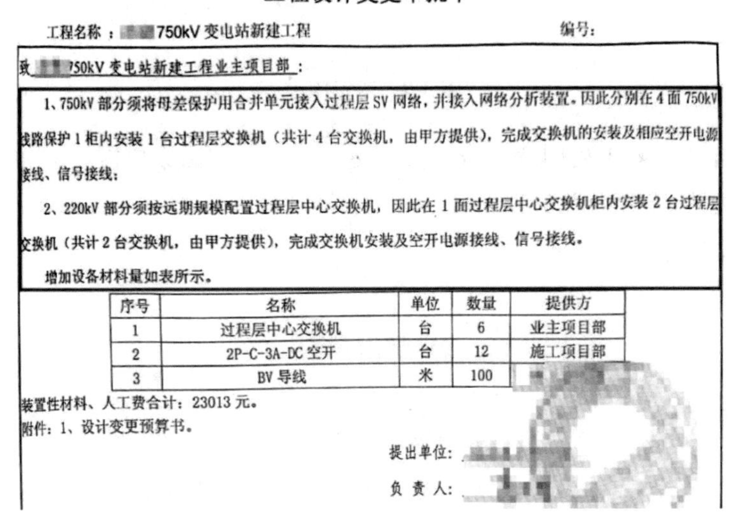
工程设计变更审批单

工程名称：[illegible]750kV变电站新建工程　　编号：

致[illegible]750kV变电站新建工程业主项目部：

1、750kV部分须将母差保护用合并单元接入过程层SV网络，并接入网络分析装置。因此分别在4面750kV线路保护1柜内安装1台过程层交换机（共计4台交换机，由甲方提供），完成交换机的安装及相应空开电源接线、信号接线；

2、220kV部分须按远期规模配置过程层中心交换机，因此在1面过程层中心交换机柜内安装2台过程层交换机（共计2台交换机，由甲方提供），完成交换机安装及空开电源接线、信号接线。

增加设备材料量如表所示。

序号	名称	单位	数量	提供方
1	过程层中心交换机	台	6	业主项目部
2	2P-C-3A-DC空开	台	12	施工项目部
3	BV导线	米	100	[illegible]

装置性材料、人工费合计：23013元。

附件：1、设计变更预算书。

提出单位：

负 责 人：

图 4-8　正确图示

（4）参考依据。

《国家电网公司输变电工程设计变更与现场签证管理办法》[国网（基建/3）185—2015]

4.2.2　设计变更审批单无变更费用

（1）案例描述。

在工程建设阶段，设计变更审批单中没有对变更费用进行描述，设计变更附件中也无变更预算书，而该变更存在变更费用，有规避重大设计变更风险。该设计单位未严格执行《国家电网公司输变电工程设计变更与现场签证管理办法》［国网（基建/3）185—2015］相关要求，设计变更中应明确变更内容及费用。

（2）错误问题示例见图 4-9。

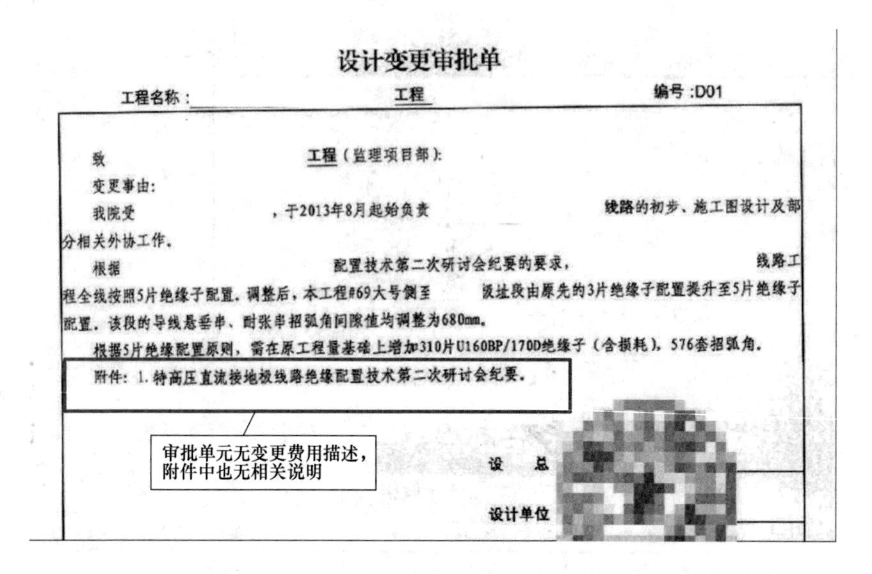

设计变更审批单

工程名称：工程　　编号：D01

致　工程（监理项目部）：

变更事由：

我院受　，于2013年8月起始负责　线路的初步、施工图设计及部分相关外协工作。

根据　配置技术第二次研讨会纪要的要求，　线路工程全线按照5片绝缘子配置。调整后，本工程#69大号侧至　级址段由原先的3片绝缘子配置提升至5片绝缘子配置。该段的导线悬垂串、耐张串招弧角间隙值均调整为680mm。

根据5片绝缘配置原则，需在原工程量基础上增加310片U160BP/170D绝缘子（含损耗），576套招弧角。

附件：1. 特高压直流接地极线路绝缘配置技术第二次研讨会纪要。

审批单元无变更费用描述，附件中也无相关说明

设　总

设计单位

图 4-9　错误图示

该例中设计变更却未列明变更费用及变更预算书，按国家电网公司相关要求，设计变更应明确变更内容及费用。

（3）正确处理示例见图 4-10。

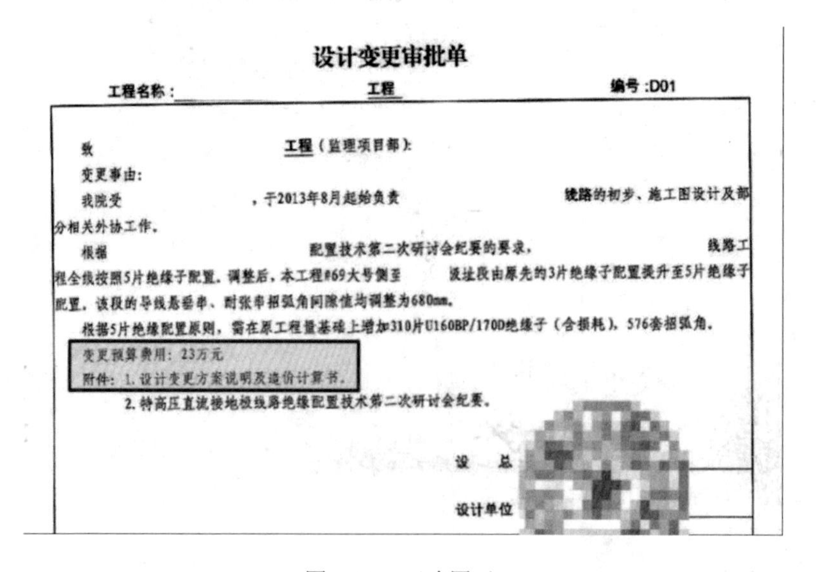

设计变更审批单

工程名称：工程　　编号：D01

致　工程（监理项目部）：

变更事由：

我院受　，于2013年8月起始负责　线路的初步、施工图设计及部分相关外协工作。

根据　配置技术第二次研讨会纪要的要求，　线路工程全线按照5片绝缘子配置。调整后，本工程#69大号侧至　级址段由原先的3片绝缘子配置提升至5片绝缘子配置。该段的导线悬垂串、耐张串招弧角间隙值均调整为680mm。

根据5片绝缘配置原则，需在原工程量基础上增加310片U160BP/170D绝缘子（含损耗），576套招弧角。

变更预算费用：23万元

附件：1. 设计变更方案说明及造价计算书。

2. 特高压直流接地极线路绝缘配置技术第二次研讨会纪要。

设　总

设计单位

图 4-10　正确图示

（4）参考依据。

《国家电网公司输变电工程设计变更与现场签证管理办法》［国网（基建/3）185—2015］

4.2.3 设计变更审批单建管单位无技经意见，未对变更费用确认

（1）案例描述。

在工程建设阶段，建设管理单位未对设计变更费用进行签署意见并确认，有规避重大设计变更风险。未严格执行《国家电网公司输变电工程设计变更与现场签证管理办法》［国网（基建/3）185—2015］相关要求，工程设计变更审批单中应明确变更内容及费用，并各方审核确认。

（2）错误问题示例见图4-11。

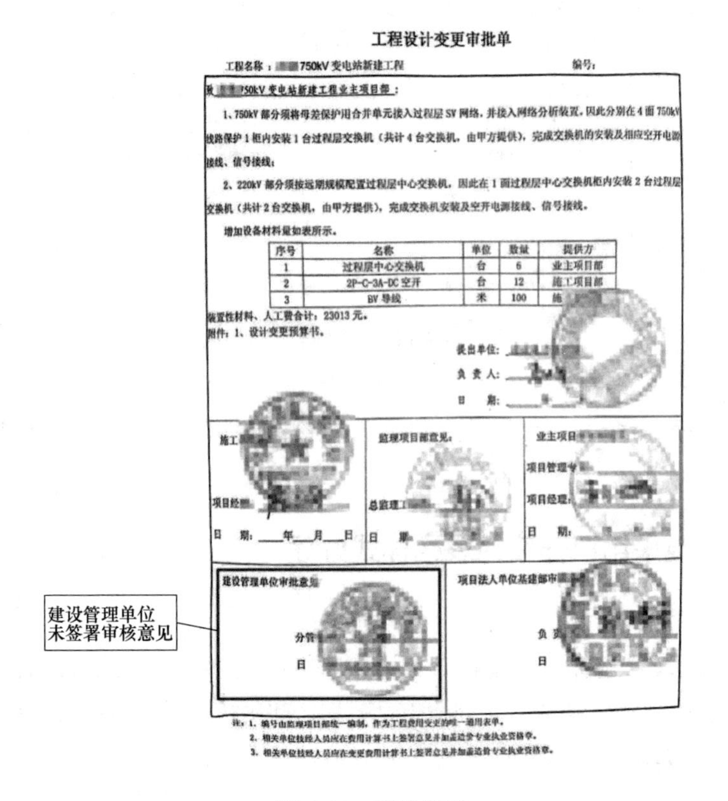

工程设计变更审批单

工程名称：750kV变电站新建工程　　　　编号：

致750kV变电站新建工程业主项目部：

1、750kV部分须将母差保护用合并单元接入过程层SV网络，并接入网络分析装置，因此分别在4面750kV线路保护1柜内安装1台过程层交换机（共计4台交换机，由甲方提供），完成交换机的安装及相应空开电源接线、信号接线；

2、220kV部分须按远期规模配置过程层中心交换机，因此在1面过程层中心交换机柜内安装2台过程层交换机（共计2台交换机，由甲方提供），完成交换机安装及空开电源接线、信号接线。

增加设备材料量如表所示。

序号	名称	单位	数量	提供方
1	过程层中心交换机	台	6	业主项目部
2	2P-C-3A-DC空开	台	12	施工项目部
3	BV导线	米	100	施

装置性材料、人工费合计：23013元。

附件：1、设计变更预算书。

提出单位：

负 责 人：

日　　期：

施工

项目经理：

日　期：＿＿年＿＿月＿＿日

监理项目部意见：

总监理工

日　期：

业主项目

项目管理专

项目经理：

日　期：

建设管理单位审批意见

分管

日

项目法人单位基建部审

负　责

日

注：1、编号由监理项目部统一编制，作为工程费用变更的唯一通用表单。

2、相关单位技经人员应在费用计算书上签署意见并加盖造价专业执业资格章。

3、相关单位技经人员应在变更费用计算书上签署意见并加盖造价专业执业资格章。

图4-11　错误图示

该例工程设计变更审批单中未描述变更费用，且建设管理单位未对设计变更费用签署意见并确认。按有关要求，工程设计变更审批单中应明确变更内容及费用，并各方审核确认。

（3）正确处理示例见图4-12。

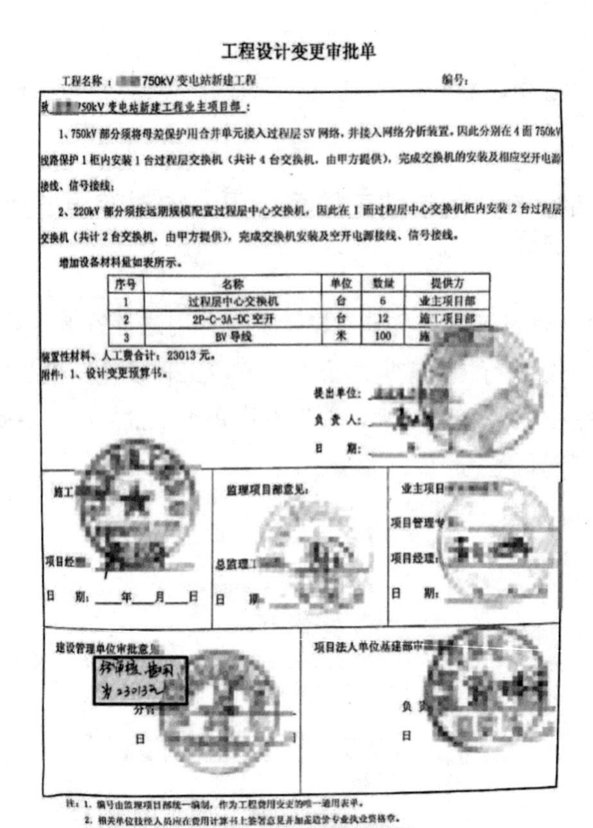

工程设计变更审批单

工程名称：750kV 变电站新建工程　　编号：

致 750kV 变电站新建工程业主项目部：

1、750kV 部分须将母差保护用合并单元接入过程层 SV 网络，并接入网络分析装置，因此分别在 4 面 750kV 线路保护 1 柜内安装 1 台过程层交换机（共计 4 台交换机，由甲方提供），完成交换机的安装及相应空开电源接线、信号接线；

2、220kV 部分须按远期规模配置过程层中心交换机，因此在 1 面过程层中心交换机柜内安装 2 台过程层交换机（共计 2 台交换机，由甲方提供），完成交换机安装及空开电源接线、信号接线。

增加设备材料量如表所示。

序号	名称	单位	数量	提供方
1	过程层中心交换机	台	6	业主项目部
2	2P-C-3A-DC 空开	台	12	施工项目部
3	BV 导线	米	100	施[illegible]

装置性材料、人工费合计：23013 元。
附件：1、设计变更预算书。

提出单位：
负 责 人：
日　　期：

施工[illegible] 项目经[illegible] 日　期：___年___月___日	监理项目部意见： 总监理工[illegible] 日　期：	业主项目[illegible] 项目管理专[illegible] 项目经理： 日　期：

建设管理单位审批意见： 经审核，费用为23013元。 分管[illegible] 日	项目法人单位基建部审[illegible] 负责[illegible] 日

注：1. 编号由监理项目部统一编制，作为工程费用变更的唯一通用表单。
2. 相关单位技经人员应在费用计算书上签署意见并加盖造价专业执业资格章。
3. 相关单位技经人员应在变更费用计算书上签署意见并加盖造价专业执业资格章。

图 4-12　正确图示

（4）参考依据。

《国家电网公司输变电工程设计变更与现场签证管理办法》［国网（基建/3）185—2015］

4.2.4　设计变更采用已作废的表格样式办理

（1）案例描述。

在工程建设阶段，设计变更审批单采用已作废的表格样式，未按现行《国家电网公司输变电工程设计变更与现场签证管理办法》［国网（基建/3）185—2015］设计变更表格样式并签署审批意见。主要产生原因是该工程工期在 2014～2015 年期间。国家电网公司发布了新版的《输变电工程设计变更与现场签证管理办法》，对设计变更审批表进行了调整，设计单位办理变更时，还采用旧管理办法中的审批表。

（2）错误问题示例见图 4-13。

此例所用设计变更审批单为旧版，自 2015 年 2 月 28 日起施行的《国家电网输变电工程设计变更与现场签证管理办法》新版设计变更审批单有重大设计变更审批栏，见正确示例。设计变更应按新版管理办法要求，填写设计变更审批单并签署审批。为避免此类问题，应及时学习各相关规章制度。

重大设计变更审批单

工程名称： 编号：

致＿＿＿＿＿＿（监理项目部）：

变更事由：

变更费用：

附件：1.设计变更建议或方案。

2.设计变更费用计算书。

3.设计变更联系单(如有)。

设 总：＿＿（签 字）

设计单位：＿＿（盖 章）

日 期：＿＿年＿＿月＿＿日

监理单位意见	施工单位意见	业主项目部审核意见
		专业审核意见：
总监理工程师：（签字并盖项目部章）	项目经理：（签字并盖项目部章）	项目经理：（签字）
日 期：＿＿年＿＿月＿＿日	日 期：＿＿年＿＿月＿＿日	日 期：＿＿年＿＿月＿＿日

建设管理单位审批意见	项目法人单位基建部审批意见
建设（技术）审核意见：	建设（技术）审核意见：
技经审核意见：	技经审核意见：
部门主管领导：（签字）	
单位分管领导：（签字并盖部门章）	部门分管领导：（签字并盖部门章）
日 期：＿＿年＿＿月＿＿日	日 期：＿＿年＿＿月＿＿日

注：1．编号由监理项目部统一编制，作为审批重大设计变更的唯一通用表单。

2．本表一式五份（施工、设计、监理、业主项目部各一份，建设管理单位存档一份）。

此为旧版设计变更审批单，新版增设重大设计变更审批栏

图 4-13 错误图示

（3）正确处理示例见图 4-14。

设计变更审批单

工程名称： 编号：

致＿＿＿＿＿＿（监理项目部）：

变更事由：

变更费用：

附件：1.设计变更建议或方案。

2.设计变更费用计算书。

3.设计变更联系单(如有)。

设 总：＿＿（签 字）

设计单位：＿＿（盖 章）

日 期：＿＿年＿＿月＿＿日

监理单位意见	施工单位意见	业主项目部审核意见
		专业审核意见：
总监理工程师：（签字并盖项目部章）	项目经理：（签字并盖项目部章）	项目经理：（签字）
日 期：＿＿年＿＿月＿＿日	日 期：＿＿年＿＿月＿＿日	日 期：＿＿年＿＿月＿＿日

建设管理单位审批意见	重大设计变更审批栏	
	建设管理单位审批意见	省公司级单位建设管理部门审批意见
建设（技术）审核意见：		建设（技术）审核意见：
技经审核意见：	分管领导：（签字）	技经审核意见：
部门主管领导：（签字并盖部门章）	建设管理单位：（盖章）	部门分管领导：（签字并盖部门章）
日 期：＿＿年＿＿月＿＿日	日 期：＿＿年＿＿月＿＿日	日 期：＿＿年＿＿月＿＿日

注：1．编号由监理项目部统一编制，作为审批设计变更的唯一通用表单。

2．重大设计变更应在重大设计变更审批栏中签署意见。

3．本表一式五份（施工、设计、监理、业主项目部各一份，建设管理单位存档一份）。

图 4-14 正确图示

（4）参考依据。

《国家电网公司输变电工程设计变更与现场签证管理办法》［国网（基建/3）185—2015］

4.2.5 现场签证监理、业主签署意见不合适

（1）案例描述。

在工程建设阶段，现场签证审批单中，监理及业主签证意见均签署“情况属实”，未对签证具体内容、工程量及是否同意该签证进行明确。在现场签证审批单中各审批单位签署意见时，应对签证具体内容、工程量、同意与否、签证费用、依据内容等进行确认。

（2）错误问题示例见图4-15。

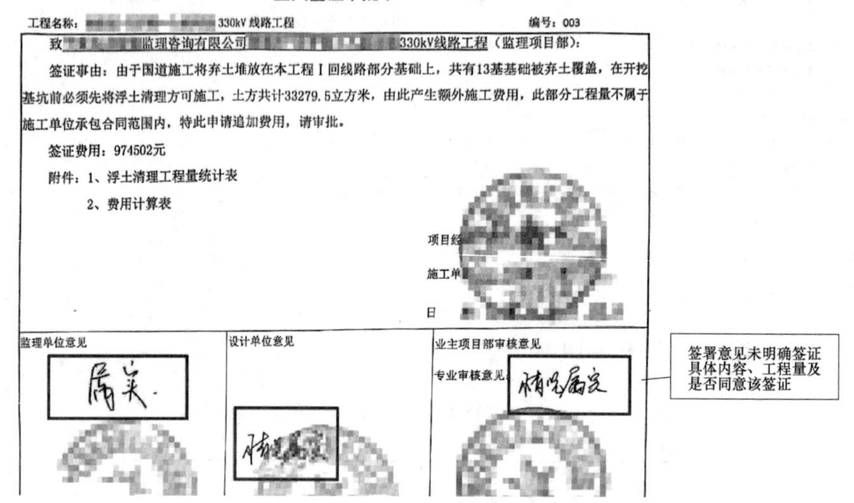

重大签证审批单

工程名称：[illegible]330kV线路工程　　编号：003

致[illegible]监理咨询有限公司[illegible]330kV线路工程（监理项目部）：

签证事由：由于国道施工将弃土堆放在本工程Ⅰ回线路部分基础上，共有13基基础被弃土覆盖，在开挖基坑前必须先将浮土清理方可施工，土方共计33279.5立方米，由此产生额外施工费用，此部分工程量不属于施工单位承包合同范围内，特此申请追加费用，请审批。

签证费用：974502元

附件：1、浮土清理工程量统计表

2、费用计算表

项目经[illegible]

施工单[illegible]

日[illegible]

监理单位意见	设计单位意见	业主项目部审核意见
属实.	情况属实	专业审核意见：情况属实

图4-15 错误图示

此例签署意见不符合要求。现场签证审批单中各审批单位签署意见时应对签证具体内容、工程量、同意与否、签证费用、依据内容等进行确认。

（3）正确处理示例见图4-16。

重大签证审批单

工程名称：[illegible]330kV线路工程　　编号：003

致[illegible]监理咨询有限公司[illegible]330kV线路工程（监理项目部）：

签证事由：由于国道施工将弃土堆放在本工程Ⅰ回线路部分基础上，共有13基基础被弃土覆盖，在开挖基坑前必须先将浮土清理方可施工，土方共计33279.5立方米，由此产生额外施工费用，此部分工程量不属于施工单位承包合同范围内，特此申请追加费用，请审批。

签证费用：974502元

附件：1、浮土清理工程量统计表

2、费用计算表

项目经[illegible]

施工单[illegible]

日[illegible]

监理单位意见	设计单位意见	业主项目部审核意见
[illegible]	工程开工后，经施工单位及监理反映，1回线路部分塔位基础被弃土覆盖，经现场核实1回线路部分塔位基础确实存在被弃土覆盖	专业审核意见：情况属实，同意追加费用。

图4-16 正确图示

（4）参考依据。

《国家电网公司输变电工程设计变更与现场签证管理办法》[国网（基建/3）185—2015]

4.2.6 现场签证内容无签证费用

（1）案例描述。

在工程建设阶段，现场签证审批单中没有对签证费用进行描述，有规避重大签证及更换签证费用的风险。该施工单位未严格执行《国家电网公司输变电工程设计变更与现场签证管理办法》相关要求，现场签证中应明确签证内容及费用。

（2）错误问题示例见图4-17。

工程现场签证审批单

工程名称：　750kV 线路工程　　编号：SZJX-SG2-002

致：工程监理有限责任公司　750kV线路工程　监理项目部：

签证事由：由　送变电工程公司承建的　750kV线路工程　，本工程在运检单位最终验收时发现G26基础存在安全隐患，并提出G26基础需砌筑护坡及排水沟，我方在接到通知后积极配合，立即组织人员对G26基础进行护坡和排水沟砌筑，目前已完成全部施工，砌筑护坡117方(长度72米，下底宽0.8米，上底宽0.5米，高2.5米)；砌筑排水沟19.26(长度107米，坑宽0.8米，壁厚0.1米，高0.6米)，合计总方量：136.26方；请监理单位、设计单位、业主单位予以确认。

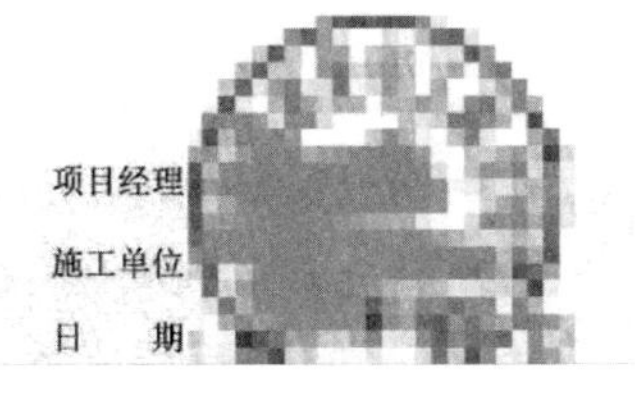

项目经理

施工单位

日　期

未对签证费用加以明确

图4-17　错误图示

应明确描述签证内容及签证费用。

（3）正确处理示例见图4-18。

工程现场签证审批单

工程名称：　750kV 线路工程　　编号：SZJX-SG2-002

致：工程监理有限责任公司　750kV线路工程　监理项目部：

签证事由：由　送变电工程公司承建的　750kV线路工程　，本工程在运检单位最终验收时发现G26基础存在安全隐患，并提出G26基础需砌筑护坡及排水沟，我方在接到通知后积极配合，立即组织人员对G26基础进行护坡和排水沟砌筑，目前已完成全部施工，砌筑护坡117方(长度72米，下底宽0.8米，上底宽0.5米，高2.5米)；砌筑排水沟19.26(长度107米，坑宽0.8米，壁厚0.1米，高0.6米)，合计总方量：136.26方；请监理单位、设计单位、业主单位予以确认。

签证费用：92574元

附　　件：签证费用计算书

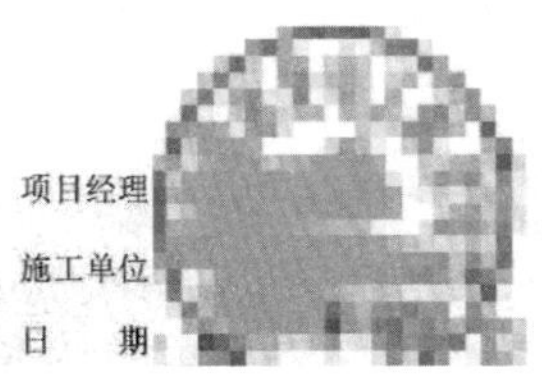

项目经理

施工单位

日　期

图4-18　正确图示

（4）参考依据。

《国家电网公司输变电工程设计变更与现场签证管理办法》[国网（基建/3）185—2015]

4.2.7 现场签证附件资料不齐全，缺少相关证明资料

（1）案例描述。

在工程建设阶段，现场签证只有签证审批表，无任何附件资料相关证明资料。如余土外弃签证中应有对运输距离、工程量及垃圾堆砌点进行确认的相关证明资料，如工程量确认单、运输点之间的地图截图、现场照片等，并由监理对其进行确认。

（2）错误问题示例见图 4-19。

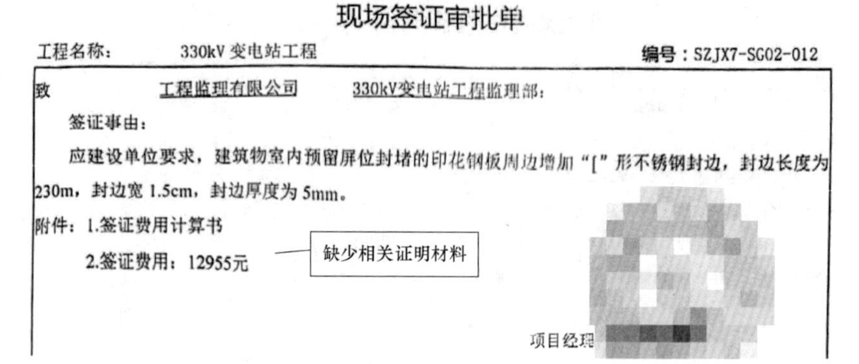

现场签证审批单

工程名称：　330kV 变电站工程　　　　编号：SZJX7-SG02-012

致　工程监理有限公司　330kV变电站工程监理部：

签证事由：

应建设单位要求，建筑物室内预留屏位封堵的印花钢板周边增加“[”形不锈钢封边，封边长度为230m，封边宽 1.5cm，封边厚度为 5mm。

附件：1.签证费用计算书

2.签证费用：12955元

项目经理

图 4-19　错误图示

该例涉及余土外弃，签证除费用计算书外无任何证明材料作为签证附件。余土外弃应包括工程量确认单、运输点之间的地图截图、现场照片等相关证明材料，对工程量、运输距离及垃圾堆砌点进行确认。

（3）正确处理示例见图 4-20。

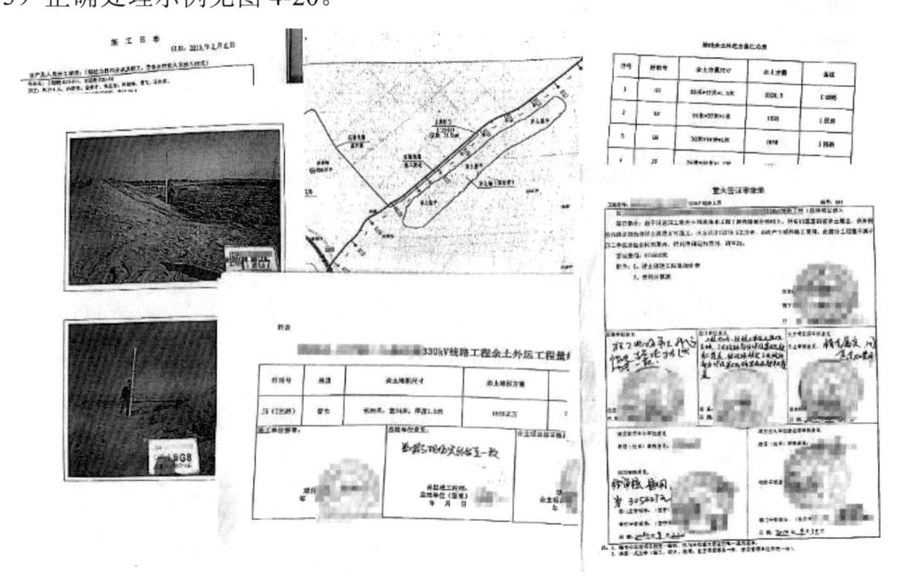

图 4-20　正确图示

（4）参考依据。

《国家电网公司输变电工程设计变更与现场签证管理办法》［国网（基建/3）185—2015］

4.2.8 冬季施工现场签证未按要求办理

（1）案例描述。

在工程建设阶段，冬季施工现场签证中描述的施工期间实际温度与冬季施工补充定额要求可以结算的温度要求不符。冬季施工补充定额要求连续 5 天零下 5℃可使用该定额计算费用，而该施工单位按冬季施工技术方案连续 5 天零上 5℃开始计算费用，未按冬季施工补充定额使用说明要求计取。

（2）错误问题示例见图 4-21。

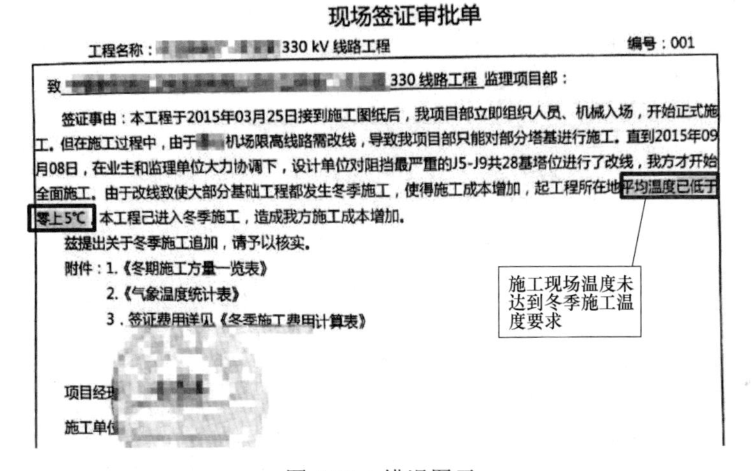

现场签证审批单

工程名称：330 kV 线路工程　　编号：001

致 330线路工程 监理项目部：

签证事由：本工程于2015年03月25日接到施工图纸后，我项目部立即组织人员、机械入场，开始正式施工。但在施工过程中，由于机场限高线路需改线，导致我项目部只能对部分塔基进行施工。直到2015年09月08日，在业主和监理单位大力协调下，设计单位对阻挡最严重的J5-J9共28基塔位进行了改线，我方才开始全面施工。由于改线致使大部分基础工程都发生冬季施工，使得施工成本增加，起工程所在地平均温度已低于零上5℃ 本工程已进入冬季施工，造成我方施工成本增加。

兹提出关于冬季施工追加，请予以核实。

附件：1.《冬期施工方量一览表》

2.《气象温度统计表》

3．签证费用详见《冬季施工费用计算表》

项目经理

施工单位

施工现场温度未达到冬季施工温度要求

图 4-21　错误图示

该例中施工现场温度为零上 5℃，而冬季施工补充定额要求连续 5 天零下 5℃方可用该定额计算费用。

（3）正确处理示例见图 4-22。

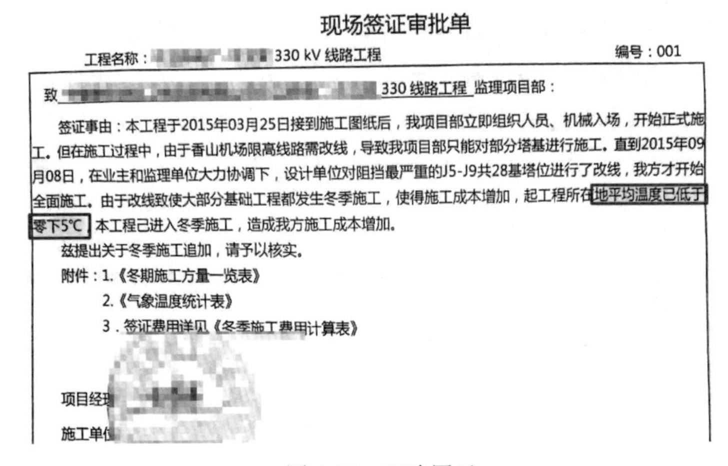

现场签证审批单

工程名称：330 kV 线路工程　　编号：001

致 330线路工程 监理项目部：

签证事由：本工程于2015年03月25日接到施工图纸后，我项目部立即组织人员、机械入场，开始正式施工。但在施工过程中，由于香山机场限高线路需改线，导致我项目部只能对部分塔基进行施工。直到2015年09月08日，在业主和监理单位大力协调下，设计单位对阻挡最严重的J5-J9共28基塔位进行了改线，我方才开始全面施工。由于改线致使大部分基础工程都发生冬季施工，使得施工成本增加，起工程所在地平均温度已低于零下5℃ 本工程已进入冬季施工，造成我方施工成本增加。

兹提出关于冬季施工追加，请予以核实。

附件：1.《冬期施工方量一览表》

2.《气象温度统计表》

3．签证费用详见《冬季施工费用计算表》

项目经理

施工单位

图 4-22　正确图示

（4）参考依据。

《国家电网公司输变电工程设计变更与现场签证管理办法》［国网（基建/3）185—2015］

4.2.9 现场签证费用计算未含取费，规避重大签证

（1）案例描述。

在工程建设阶段，现场签证费用计算中，未按施工合同约定按预规、定额、清单规范等进行取费计算，只进行定额计算不进行取费而将现场费用控制在 10 万元以内，规避重大签证。

（2）错误问题示例见图 4-23、图 4-24。

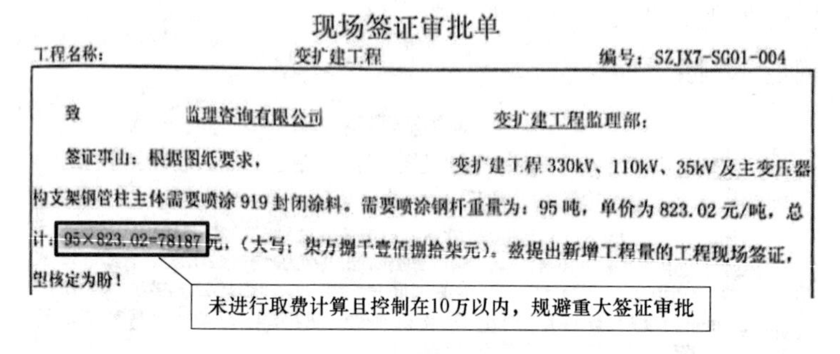

现场签证审批单

工程名称： 变扩建工程 编号：SZJX7-SG01-004

致 监理咨询有限公司 变扩建工程监理部：

签证事由：根据图纸要求， 变扩建工程 330kV、110kV、35kV 及主变压器构支架钢管柱主体需要喷涂 919 封闭涂料。需要喷涂钢杆重量为：95 吨，单价为 823.02 元/吨，总计：95×823.02=78187 元，（大写：柒万捌千壹佰捌拾柒元）。兹提出新增工程量的工程现场签证，望核定为盼！

图 4-23 错误图示（一）

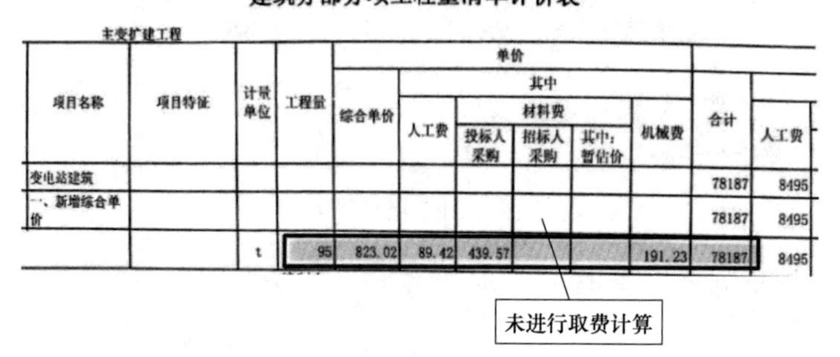

建筑分部分项工程量清单计价表

主变扩建工程

项目名称	项目特征	计量单位	工程量	单价 综合单价	其中 人工费	材料费 投标人采购	材料费 招标人采购	材料费 其中：暂估价	机械费	合计	人工费
变电站建筑										78187	8495
一、新增综合单价										78187	8495
		t	95	823.02	89.42	439.57			191.23	78187	8495

图 4-24 错误图示（二）

该例中签证费用直接采用工程量乘以综合单价，未计取措施费、规费等。签证费用除分部分项费用外，还应计取设施费和规费；超过 10 万元须用重大签证审批单。

（3）正确处理示例见图 4-25～图 4-27。

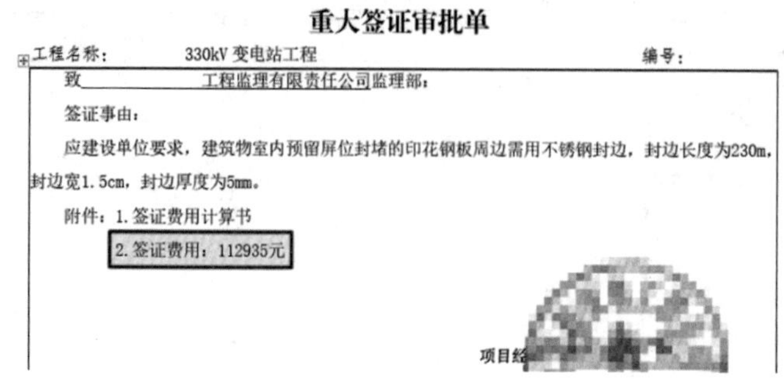

重大签证审批单

工程名称： 330kV 变电站工程 编号：

致 工程监理有限责任公司监理部：

签证事由：

应建设单位要求，建筑物室内预留屏位封堵的印花钢板周边需用不锈钢封边，封边长度为230m，封边宽1.5cm，封边厚度为5mm。

附件：1. 签证费用计算书

2. 签证费用：112935元

项目经

图 4-25 正确图示（一）

建筑分部分项工程量清单计价表

工程名称：工程签证单12　　　　金额单位：元

序号	项目编码	项目名称	项目特征	计量单位	工程量	单价						合价					
						综合单价	其中					合计	其中				
							人工费	材料费			机械费		人工费	材料费			机械费
								投标人采购	招标人采购	其中：暂估价				投标人采购	招标人采购	其中：暂估价	
		变电站建筑工程										111319	1568	6802			1517
		一、012										111319	1568	6802			1517
1	A11001	钢盖板封堵		t	1.354	8359.36	1158.36	5023.3			1120.07	111319	1568	6802			1517

图 4-26　正确图示（二）

建筑分部分项工程量清单综合单价分析表

工程名称：　　工程签证单12　　　　金额单位：元

序号	项目编码	项目名称	计量单位	综合单价组成							综合单价
				人工费	材料费			机械费	管理费	利润	
					承包人采购	发包人采购	其中：暂估价				
		变电站建筑工程									
1	(签证)A11001	钢盖板封堵	t	1158.36	5023.3			1120.07	666.31	391.32	8359.36

图 4-27　正确图示（三）

签证费用除分部分项费用外，还应计取措施费、规费等。

（4）参考依据。

《国家电网公司输变电工程设计变更与现场签证管理办法》[国网（基建/3）185—2015]

4.2.10　现场签证采用已作废的表格样式办理

（1）案例描述。

在工程建设阶段，现场签证审批单采用已作废的表格样式，未按新发布的《国家电网公司输变电工程设计变更与现场签证管理办法》现场签证表格样式办理。主要产生原因是该工程工期在2014～2015年期间。期间，国家电网公司发布的《输变电工程设计变更与现场签证管理办法》[国网（基建/3）185—2015]，自2015年2月28日起施行，对现场签证审批表进行了调整，施工单位办理现场签证时，还采用旧管理办法中的审批表。

（2）错误问题示例见图4-28。

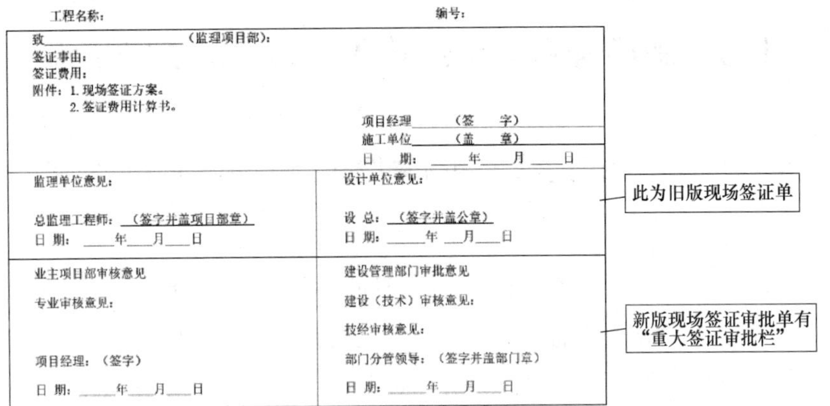

现场签证审批单

工程名称：　　　　编号：

致________（监理项目部）：
签证事由：
签证费用：
附件：1. 现场签证方案。
2. 签证费用计算书。

项目经理______（签　字）
施工单位______（盖　章）
日　期：____年___月___日

监理单位意见：
总监理工程师：（签字并盖项目部章）
日　期：____年___月___日

设计单位意见：
设　总：（签字并盖公章）
日　期：____年___月___日

业主项目部审核意见
专业审核意见：
项目经理：（签字）
日　期：____年___月___日

建设管理部门审批意见
建设（技术）审核意见：
技经审核意见：
部门分管领导：（签字并盖部门章）
日　期：____年___月___日

注：1. 编号由监理项目部统一编制，作为审批现场签证的唯一通用表单。
2. 一般签证执行现场签证审批单，重大签证执行重大签证审批单。
3. 本表一式五份（施工、设计、监理、业主项目部各一份，建设管理单位存档一份）。

图 4-28　错误图示

此例中使用的现场签证审批单为旧版格式，自 2015 年 2 月 28 日之后应采用的现场签证审批单中增加重大签证审批栏，格式见正确示例。应及时学习公司有关文件，按要求办理签证审批。

（3）正确处理示例见图 4-29。

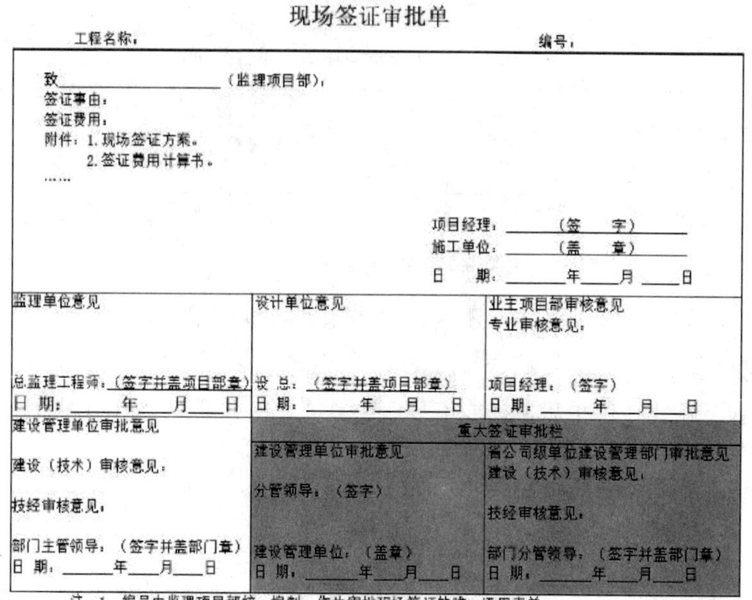

现场签证审批单

工程名称：　　　　　　　　　　　　　　　　　编号：

致＿＿＿＿＿＿＿＿（监理项目部）：
签证事由：
签证费用：
附件：1. 现场签证方案。
　　　2. 签证费用计算书。
……

项目经理：＿＿（签　字）＿＿
施工单位：＿＿（盖　章）＿＿
日　　期：＿＿＿年＿＿月＿＿日

监理单位意见 总监理工程师：（签字并盖项目部章） 日 期：＿＿＿年＿＿月＿＿日	设计单位意见 设 总：（签字并盖项目部章） 日 期：＿＿＿年＿＿月＿＿日	业主项目部审核意见 专业审核意见： 项目经理：（签字） 日 期：＿＿＿年＿＿月＿＿日
建设管理单位审批意见 建设（技术）审核意见： 技经审核意见： 部门主管领导：（签字并盖部门章） 日 期：＿＿＿年＿＿月＿＿日	重大签证审批栏 建设管理单位审批意见 分管领导：（签字） 建设管理单位：（盖章） 日 期：＿＿＿年＿＿月＿＿日	省公司级单位建设管理部门审批意见 建设（技术）审核意见： 技经审核意见： 部门分管领导：（签字并盖部门章） 日 期：＿＿＿年＿＿月＿＿日

注：1. 编号由监理项目部统一编制，作为审批现场签证的唯一通用表单。
2. 重大签证应在重大签证审批栏中签署意见。
3. 本表一式五份（施工、设计、监理、业主项目部各一份，建设管理单位存档一份）。

图 4-29　正确图示

（4）参考依据。

《国家电网公司输变电工程设计变更与现场签证管理办法》［国网（基建/3）185—2015］

4.3　新增综合单价组价不合理、审批不合规

4.3.1　新增综合单价编制时综合单价未按施工合同要求乘以折扣系数

（1）案例描述。

施工单位在编制新增综合单价时，未按合同要求乘以折扣系数。依据合同约定，工程量清单中无适用或类似子目的单价的，由承包人根据变更工程资料、计量规则和计价办法、变更提出时信息价格和承包人报价折扣率提出变更工程项的单价，报发包人确定后调整。承包人报价折扣率＝（中标价/投标最高限价）×100%。

（2）错误问题示例见图 4-30、图 4-31。

新增综合单价报审表

工程名称：　330kV 变电站　　　　　　　　　　编号：

致＿＿监理咨询有限公司：

由于＿本工程实际项目特征与投标项目特征不同　（含现场签证单新增项目）＿

原因，兹提出新增综合单价，现将编制完成的新增项目综合单价明细表报审，请予审核。

新增项目：

序号	项目名称	项目特征	计量单位	综合单价（单位：元）
1	挖石方（基坑）	开凿岩石、打碎、将石方堆放坑边、修边、检底、清理石渣、修理工具	m³	92.57
2	外弃土方	挖渣、装渣、卸渣、工作面排水	m³	36.17
3	进站道路板涵	基础 条形C20　平板C30　、砼板制作运输	m³	885.91

附件：新增综合单价分析表（含单价组成预算书）

综合单价未乘折扣率

图 4-30　错误图示（一）

建筑工程量清单综合单价分析表

工程名称：　330kV变电站　　　　　　　　　　金额单位：元

序号	项目编码	项目名称	计量单位	综合单价组成							综合单价
				人工费	材料费			机械费	管理费	利润	
					投标人采购	招标人采购	其中：暂估价				
1	A16001	挖液压破碎锤石方开挖 基坑 普坚石	m³	7.33				73.42	6.99	4.83	92.57
2	A16001	余土外弃	m³	0.28				32.85	1.80	1.24	36.17
3	G17001	进站道路板涵	m³	120.63	635.77			77.96	30.49	21.04	885.91

未乘折扣率

图 4-31　错误图示（二）

（3）正确处理示例见图 4-32。

新增综合单价报审表

工程名称：　330kV 变电站　　　　　　　　　　编号：

致＿＿监理咨询有限公司：

由于＿本工程实际项目特征与投标项目特征不同　（含现场签证单新增项目）＿

原因，兹提出新增综合单价，现将编制完成的新增项目综合单价明细表报审，请予审核。

新增项目：

序号	项目名称	项目特征	计量单位	综合单价（单位：元）	折扣系数	最终单价
1	挖石方（基坑）	开凿岩石、打碎、将石方堆放坑边、修边、检底、清理石渣、修理工具	m³	92.57	99.46%	92.07
2	外弃土方	挖渣、装渣、卸渣、工作面排水	m³	36.17	99.46%	35.97
3	进站道路板涵	基础 条形C20　平板C30　、砼板制作运输	m³	885.91	99.46%	881.13

附件：新增综合单价分析表（含单价组成预算书）

图 4-32　正确图示

4.3.2 新增综合单价组价未按施工合同要求应用计价规则、规范

（1）案例描述。

施工单位在编制新增综合单价时，未按合同要求使用预规及定额。依据该工程合同约定，工程量清单中无适用或类似子目的单价的，由承包人根据变更工程资料、计量规则和计价办法、变更提出时信息价格和承包人报价折扣率提出变更工程项的单价，报发包人确定后调整。承包人报价折扣率＝（中标价/投标最高限价）×100%。

（2）错误问题示例见图4-33、图4-34。

新增综合单价报审表

工程名称：750kV 变电站　　　　编号：

致　××监理咨询有限公司　：

由于　本工程实际项目特征与投标项目特征不同　（含现场签证单新增项目）

原因，兹提出新增综合单价，现将编制完成的新增项目综合单价明细表报审，请予审核。

新增项目：

序号	项目名称	项目特征	计量单位	综合单价（单位：元）
1	0号占用变基础拆除改为箱式变压器基础	挖泥岩、回填土、石子清理、拆除围栏、砼渣转运、泥岩外运、预埋铁件、箱式变压器基础、钢筋	m^3	2000
2	硅酮耐候胶灌缝处理	灌缝处理	M	40
3	更换路口限高杆并铺砂夹石对路面进行维护	级配砂石铺设、镀锌钢管限高杆每个3米一道、限高杆底部做砼基础	m	380

附件：新增综合单价分析表（含单价组成预算书）

图4-33　错误图示（一）

建筑工程量清单综合单价分析表

工程名称：750kV变电站　　　　金额单位：元

序号	项目编码	项目名称	计量单位	综合单价组成							综合单价
				人工费	材料费			机械费	管理费	利润	
					投标人采购	招标人采购	其中：暂估价				
1	B16001	拆除原0号占用变	m^3								2000.00
2	M26002	按标准工艺要求切缝用硅酮胶灌缝	m								40.00
3	B12001	更换路口限高杆并铺砂夹石对路面进行维护	m								380.00

未列综合单价组成

图4-34　错误图示（二）

该例中新增综合单价未按要求填写。应包括预规和定额规定的综合单价组成及折扣率，提出最终单价，见正确示例。

（3）正确处理示例见图4-35、图4-36。

新增综合单价报审表

工程名称： 750kV 变电站 编号：

致 监理咨询有限公司 ：

由于 本工程实际项目特征与投标项目特征不同 （含现场签证单新增项目）

原因，兹提出新增综合单价，现将编制完成的新增项目综合单价明细表报审，请予审核。

新增项目：

序号	项目名称	项目特征	计量单位	综合单价（单位：元）	折扣系数	最终单价
1	0号占用变基础拆除改为箱式变压器基础	挖泥岩、回填土、石子清理、拆除围栏、砼渣转运、泥岩外运、预埋铁件、箱式变压器基础、钢筋	m^3	1852.19	98.70%	1828.11
2	硅酮耐候胶灌缝处理	灌缝处理	M	40.12	98.70%	39.60
3	更换路口限高杆并铺砂夹石对路面进行维护	级配砂石铺设、镀锌钢管限高杆每个3米一道、限高杆底部做砼基础	m	346.26	98.70%	341.76

附件：新增综合单价分析表（含单价组成预算书）

图 4-35 正确图示（一）

建筑工程量清单综合单价分析表

工程名称： 750kV变电站 金额单位：元

序号	项目编码	项目名称	计量单位	综合单价组成							综合单价
				人工费	材料费			机械费	管理费	利润	
					投标人采购	招标人采购	其中：暂估价				
1	B16001	拆除原0号占用变	m^3	239.71	1202.87			279.09	77.22	53.29	1852.19
2	M26002	按标准工艺要求切缝用硅酮胶灌缝	m		35.00				3.03	2.09	40.12
3	B12001	更换路口限高杆并铺砂夹石对路面进行维护	m	96.90	207.20			15.16	15.98	11.03	346.26

图 4-36 正确图示（二）

（4）参考依据。

施工合同“变更”相关条款。

4.3.3 新增综合单价编制时材料费未按施工合同要求使用施工当期信息价

（1）案例描述。

施工单位在编制新增综合单价时，材料费未按合同要求使用当期信息价。依据该工程合同约定，工程量清单中无适用或类似子目的单价的，由承包人根据变更工程资料、计量规则和计价办法、变更提出时信息价格和承包人报价折扣率提出变更工程项的单价，报发包人确定后调整。承包人报价折扣率＝（中标价/投标最高限价）×100%。

（2）错误问题示例见图 4-37。

该例中材料费各项的单价未采用造价管理站发布的当期信息价。新增综合单价组价按合同要求应采用当期信息价时，应及时关注信息价发布情况。

工程量清单综合单价人、材、机组成表

工程名称：　　330kV线路工程

序号	项目编码（编制依据）	项目名称	计量单位	工程量（数量）	人工费	材料费 承包人采购	材料费 发包人采购	其中：暂估价	机械费
15	(补)SD1103B00002	护壁基础	m³	831.38					
	YX3-173	人工挖孔桩 现浇护壁 有筋	m³	831.38	312.87	135.75			142.95
	C09010102	普通硅酸盐水泥	t	318.419		347.76			
	C10010101	中砂	m³	349.18		115			
	C10020103	碎石	m³	714.99		132			
	C21010101	水	t	149.648		2			

未使用当期信息价

材料名称	规格型号	单位	原州区	彭阳县	隆德县	泾源县	西吉
			2017年3-4月（含税价格）				
普通硅酸盐水泥	P.O42.5R(散)	t	340	340	340	340	34
复合硅酸盐水泥	P.C32.5(散)	t	320	320	320	320	32
中粗砂		m³	105	105	105	100	1(
水洗砂		m³	100	100	105	100	11
天然砂夹石		m³	45	45	60	60	6
碎石	0.5cm	m³	125	120	120	120	16
	1～2cm	m³	125	120	120	120	16
	1～3cm	m³	125	120	120	120	16

图 4-37　错误图示

（3）正确处理示例见图 4-38、图 4-39。

工程量清单综合单价人、材、机组成表

工程名称：　　330kV线路工程

序号	项目编码（编制依据）	项目名称	计量单位	工程量（数量）	人工费	材料费 承包人采购	材料费 发包人采购	其中：暂估价	机械费
15	(补)SD1103B00002	护壁基础	m³	831.38					
	YX3-173	人工挖孔桩 现浇护壁 有筋	m³	831.38	312.87	135.75			142.95
	C09010102	普通硅酸盐水泥	t	318.419		340			
	C10010101	中砂	m³	349.18		105			
	C10020103	碎石	m³	714.99		125			
	C21010101	水	t	149.648		2			

图 4-38　正确图示（一）

图 4-39　正确图示（二）

（4）参考依据。

施工合同“变更”相关条款。

4.3.4　新增综合单价编制时未按清单计价规范取费

（1）案例描述。

施工单位在编制新增综合单价时，未按清单计价规范取费。依据清单计价规范，除人工、材料、机械费外，综合单价还应计取管理费和利润。

（2）错误问题示例见图 4-40。

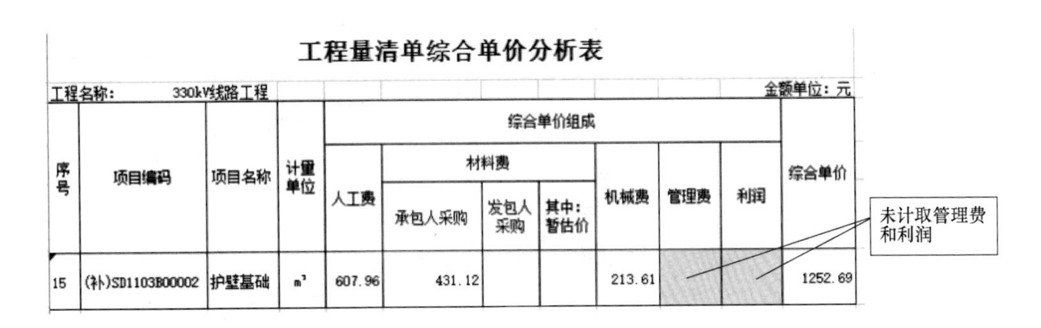

工程量清单综合单价分析表

工程名称：330kV线路工程　　　　金额单位：元

序号	项目编码	项目名称	计量单位	综合单价组成							综合单价
				人工费	材料费			机械费	管理费	利润	
					承包人采购	发包人采购	其中：暂估价				
15	(补)SD1103B00002	护壁基础	m³	607.96	431.12			213.61			1252.69

图 4-40　错误图示

该例计算新增单价时，未按清单计价规范计取管理费和利润。

（3）正确处理示例见图 4-41。

工程量清单综合单价分析表

工程名称：330kV线路工程　　　　金额单位：元

序号	项目编码	项目名称	计量单位	综合单价组成							综合单价
				人工费	材料费			机械费	管理费	利润	
					承包人采购	发包人采购	其中：暂估价				
15	(补)SD1103B00002	护壁基础	m³	607.96	431.12			213.61	247.75	91.77	1590.3

图 4-41　正确图示

（4）参考依据。

《国家电网公司输变电工程工程量清单计价规范》（Q/GDW 11337—2014）

4.3.5　未按合同要求新增综合单价

（1）案例描述。

施工单位在分阶段结算时，施工图纸与清单中原综合单价项目特征描述不一致，依据施工合同应该新增综合单价，但该施工单位参考原清单中规格高于图纸标准的单价，未新增单价。依据该工程合同约定，工程量清单中无适用或类似子目的单价的，应新增综合单价。

（2）错误问题示例见图 4-42。

此例中施工图纸基础混凝土规格为 C20，工程清单中选用为基础混凝土 C25，应新增基础混凝土 C20 综合单价。

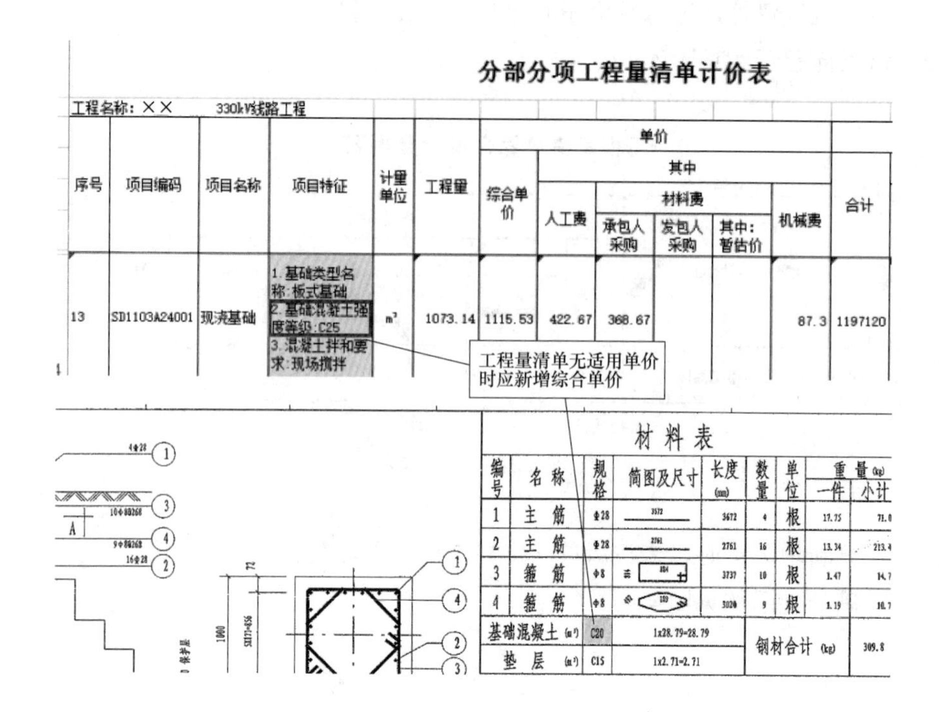

分部分项工程量清单计价表

工程名称：×× 330kV线路工程

序号	项目编码	项目名称	项目特征	计量单位	工程量	单价						合计
						综合单价	其中					
							人工费	材料费			机械费	
								承包人采购	发包人采购	其中：暂估价		
13	SD1103A24001	现浇基础	1.基础类型名称:板式基础 2.基础混凝土强度等级:C25 3.混凝土拌和要求:现场搅拌	m³	1073.14	1115.53	422.67	368.67			87.3	1197120

材料表

编号	名称	规格	简图及尺寸	长度(mm)	数量	单位	重量(kg)	
							一件	小计
1	主筋	Φ28	3572	3672	4	根	17.75	71.0
2	主筋	Φ28	2761	2761	16	根	13.34	213.4
3	箍筋	Φ8	884	3737	10	根	1.47	14.7
4	箍筋	Φ8	189	3020	9	根	1.19	10.7
基础混凝土(m³)		C20	1x28.79=28.79	钢材合计(kg)			309.8	
垫层(m³)		C15	1x2.71=2.71					

图 4-42　错误图示

（3）正确处理示例见图 4-43。

图 4-43 中已按图纸混凝土强度 C20 新增综合单价并如实结算。

分部分项工程量清单计价表

工程名称：×× 330kV线路工程

序号	项目编码	项目名称	项目特征	计量单位	工程量	单价						合计
						综合单价	其中					
							人工费	材料费			机械费	
								承包人采购	发包人采购	其中：暂估价		
13	SD1103A24001	现浇基础	1.基础类型名称:板式基础 2.基础混凝土强度等级:C25 3.混凝土拌和要求:现场搅拌	m³	0	1115.53	422.67	368.67			87.3	0
14	(新)SD1103A24002	现浇基础	1.基础类型名称:板式基础 2.基础混凝土强度等级:C20 3.混凝土拌和要求:现场搅拌	m³	1073.14	1101.82	418.96	361.7			86.53	1182407

图 4-43　正确图示

（4）参考依据。

施工合同“变更”相关条款。

4.4 进度款支付不符合合同及标准化管理规定

4.4.1 上报进度款时未按施工合同要求扣除预付款

（1）案例描述。

施工单位开工时已申请了预付款，前期已支付了50%进度款，在申请进度款时，未按合同约定扣除预付款。依据施工合同当工程价款支付至合同价款的50%时，开始抵扣工程预付款，每次扣除当月进度款的60%，扣完为止。

（2）错误问题示例见图4-44。

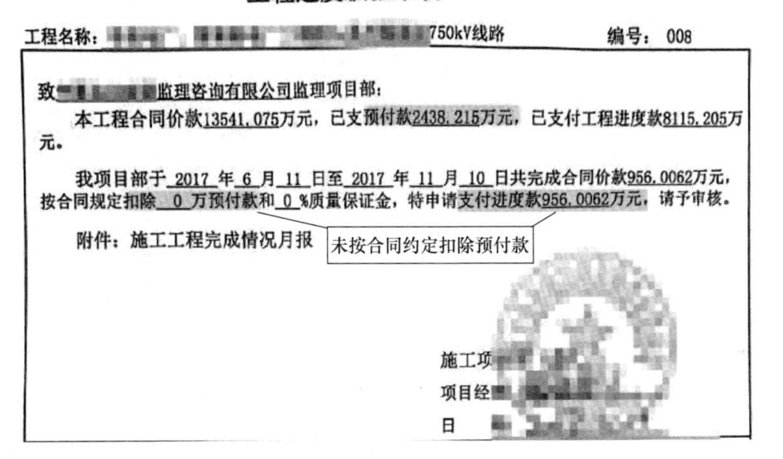
工程进度款报审表

工程名称：750kV线路　　编号：008

致监理咨询有限公司监理项目部：

本工程合同价款13541.075万元，已支预付款2438.215万元，已支付工程进度款8115.205万元。

我项目部于2017年6月11日至2017年11月10日共完成合同价款956.0062万元，按合同规定扣除 0 万预付款和 0 %质量保证金，特申请支付进度款956.0062万元，请予审核。

附件：施工工程完成情况月报

施工项

项目经

日

图4-44 错误图示

此例中未按施工合同扣除当月进度款的60%，即573.6万元，扣完为止。

（3）正确处理示例见图4-45。

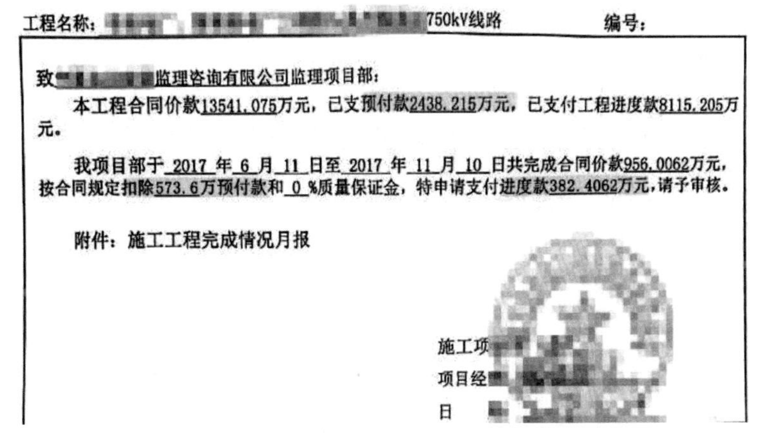
工程进度款报审表

工程名称：750kV线路　　编号：

致监理咨询有限公司监理项目部：

本工程合同价款13541.075万元，已支预付款2438.215万元，已支付工程进度款8115.205万元。

我项目部于2017年6月11日至2017年11月10日共完成合同价款956.0062万元，按合同规定扣除573.6万预付款和 0 %质量保证金，特申请支付进度款382.4062万元，请予审核。

附件：施工工程完成情况月报

施工项

项目经

日

图4-45 正确图示

（4）参考依据。

施工合同“计量与支付”相关条款。

4.4.2 上报进度款时未按施工合同要求扣除质量保证金

（1）案例描述。

施工单位在申请进度款时，未按合同约定扣除质量保证金。依据施工合同约定，合同价格的 9%作为质量保证金（暂按签约合同价计算，最终合同价确定后，以最终合同价调整），由发包人从进度款中按合同约定的比例分期扣留，直至达规定金额。

（2）错误问题示例见图 4-46。

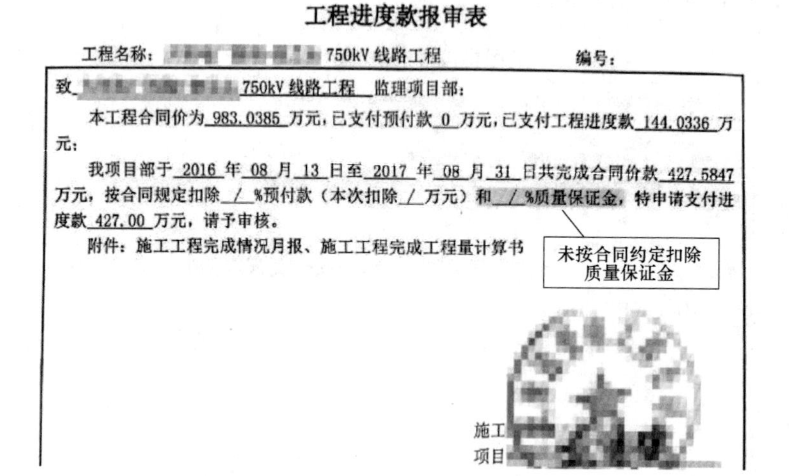

工程进度款报审表

工程名称：750kV 线路工程　　　　编号：

致 750kV 线路工程 监理项目部：

本工程合同价为 983.0385 万元，已支付预付款 0 万元，已支付工程进度款 144.0336 万元；

我项目部于 2016 年 08 月 13 日至 2017 年 08 月 31 日共完成合同价款 427.5847 万元，按合同规定扣除 / %预付款（本次扣除 / 万元）和 / %质量保证金，特申请支付进度款 427.00 万元，请予审核。

附件：施工工程完成情况月报、施工工程完成工程量计算书

施工

项目

图 4-46　错误图示

此例中未按合同约定扣除保留金，依据施工合同约定，合同价的 9%作为质量保证金。

（3）正确处理示例见图 4-47。

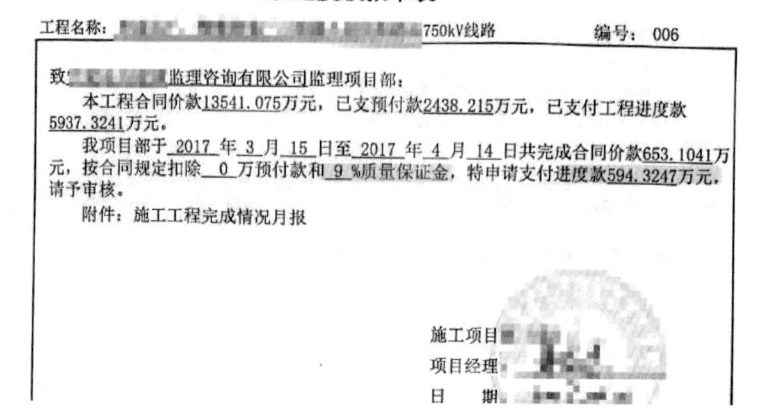

工程进度款报审表

工程名称：750kV线路　　　　编号：006

致 监理咨询有限公司监理项目部：

本工程合同价款13541.075万元，已支预付款2438.215万元，已支付工程进度款5937.3241万元。

我项目部于 2017 年 3 月 15 日至 2017 年 4 月 14 日共完成合同价款653.1041万元，按合同规定扣除 0 万预付款和 9 %质量保证金，特申请支付进度款594.3247万元，请予审核。

附件：施工工程完成情况月报

施工项目

项目经理

日　期

图 4-47　正确图示

（4）参考依据。

施工合同“计量与支付”相关条款。

4.4.3 进度款报审表上报金额与附表计算金额不一致

（1）案例描述。

施工单位在申请进度款时，进度款报审表上报金额与附表计算的金额不一致。依据施工合同约定承包人在每次申请进度款时，应向监理人提交符合发包人要求的工程形象进度表、完成投资额统计表、进度款报审表及价款结算单，经监理人核实、签证并签署意见后，由承包人报发包人。

（2）错误问题示例见图 4-48、图 4-49。

工程施工进度款报审表

工程名称： 750kV 线路工程 编号：

致________监理项目部：

本工程合同价款 13541.075 万元，已支预付款 2438.215 万元，已支付工程进度款 8115.205 万元。

我项目部于 2017 年 6 月 11 日至 2017 年 11 月 10 日共完成合同价款 865.48 万元，按合同规定扣除 / %预付款和 / %保留金，特申请支付进度款 865.48 万元，请予审核。

附件：施工工程完成情况月报

图 4-48 错误图示（一）

施工工程完成情况月报

工程名称： 750线路工程 报出日期：2017年11月 单位：万元

序号	单位工程	工程量	投标价格	完成投资		本月完成投资					月末形象进度
				自上年末累计	自年初累计	合计	建筑	安装	设备	其他	
…	…	…	…	…	…	…	…	…	…	…	…
十	税金		456.39	324.863	68.459	0	0	0		4.56	71%
合计	总价		13541.08	11509.4	2654.728	870.4	435.2	435.2			83%

造价咨询单位（章） 监理单位（章） 施工单位（章）

图 4-49 错误图示（二）

该例中进度款报审表金额与附件金额不一致。

（3）正确处理示例见图 4-50、图 4-51。

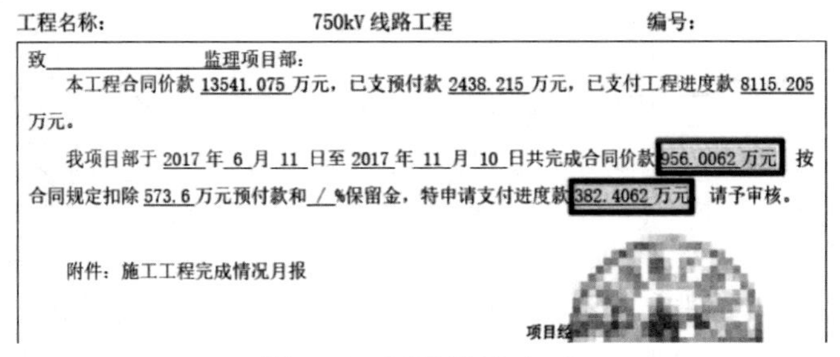

工程施工进度款报审表

工程名称： 750kV 线路工程 编号：

致________监理项目部：

本工程合同价款 13541.075 万元，已支预付款 2438.215 万元，已支付工程进度款 8115.205 万元。

我项目部于 2017 年 6 月 11 日至 2017 年 11 月 10 日共完成合同价款 956.0062 万元，按合同规定扣除 573.6 万元预付款和 / %保留金，特申请支付进度款 382.4062 万元，请予审核。

附件：施工工程完成情况月报

项目经

图 4-50 正确图示（一）

施工工程完成情况月报

工程名称：　750线路工程　报出日期：2017年11月　单位：万元

序号	单位工程	工程量	投标价格	完成投资		本月完成投资					月末形象进度
				自上年末累计	自年初累计	合计	建筑	安装	设备	其他	
...	...	...	...	...	...	...	...	...	...	...	...
十	税金		456.39	324.863	68.459	4.56	0	0		4.56	71%
合计	总价		13541.08	11509.4	2840.128	956.0062	435.2	435.2		85.6062	85%

图 4-51　正确图示（二）

（4）参考依据。

施工合同“计量与支付”相关条款。

4.4.4　上报进度款时未按实际工程进度计算进度款金额

（1）案例描述。

施工单位在申请进度款时，进度款报审表申请金额大于该工程实际工程进度计算出的进度款金额。依据施工合同约定承包人在每次申请进度款时，应向监理人提交符合发包人要求的工程形象进度表、完成投资额统计表、进度款报审表及价款结算单，经监理人核实、签证并签署意见后，由承包人报发包人。

（2）错误问题示例见图 4-52、图 4-53。

施工工程完成情况月报（进度款）

工程名称：　工程　2016 年 01月　单位：万元

序号	单位工程	工程量	投标价格	开工日期	竣工日期	完成投资		本月完成投资					月末形象进度
						自上年末累计	自年初累计	合计	建筑	安装	设备	其他	
6	主变压器基础	547	183.98	2015.11.02			183.98	183.98	183.98				100%
7	主变压器构架	14	22.95	2015.11.02			22.95	22.95	22.95				100%
8	防火墙	353	43.89	2015.11.02			43.89	43.89	43.89				100%
9	330kV屋外配电装置构筑物	1350	190.99	2015.12.09			133.69	133.69	133.69				70%
10	全站接地	380	40.19	2015.12.03			24.11	24.11	24.11				60%
合计	**投标总价**		**1871.16**				**1403.37**	**446.65**					75%

图 4-52　错误图示（一）

监　理　月　报

1、　工程实施情况

（1）本月工程量

序号	单位工程	分部工程	任务名称	施工开始日期	施工结束日期	本月计划完成百分比	本月实际完成百分比
1	330kV 屋外配电装置构筑物	主体结构	330kV 构架吊装	2015.12.09	2015.12.30	30%	30%
		二次灌浆	二次灌浆	2015.12.11	2015.12.30	30%	30%

（2）累计工程量

序号	单位工程	分部工程	任务名称	施工开始日期	施工结束日期	计划完成百分比	实际完成百分比
8	主变压器基础、构架及防火墙	变压器基础	混凝土浇筑	2015.11.02	2015.11.04	100%	100%
9	330kV 屋外配电装置构筑物	主体结构	330kV 构架吊装	2015.12.09	2015.12.30	30%	40%
		二次灌浆	二次灌浆	2015.12.11	2015.12.30	30%	30%
10	全站接地	全站接地		2015.12.03	2015.12.30	30%	30%
10	总计	土建工程		2015.8.6	2016.12.31	55%	60%

图 4-53　错误图示（二）

该例中进度款报审的进度与附件进度不符，应一致，见正确示例。

（3）正确处理示例见图 4-54、图 4-55。

工程进度款报审表

工程名称：　　　　　　工程　　　　　　　　　　编号：TJ-04

致________监理项目部：

我项目部于 2015 年 12 月 1 日至 2015 年 12 月 30 日共完成合同价款 369.66 万元，按合同规定扣除 / 预付款和 9 %保留金，特申请支付进度款 336.39 万元，请予审核。

附件：施工工程完成情况月报

图 4-54　正确图示（一）

施工工程完成情况月报（进度款）

工程名称：　　工程　　　　2016 年 01月　　　　单位：万元

序号	单位工程	工程量	投标价格	开工日期	竣工日期	完成投资		本月完成投资					月末形象进度
						自上年末累计	自年初累计	合计	建筑	安装	设备	其他	
6	主变压器基础	547	183.98	2015.11.02			183.98	183.98	183.98				100%
7	主变压器构架	14	22.95	2015.11.02			22.95	22.95	22.95				100%
8	防火墙	353	43.89	2015.11.02			43.89	43.89	43.89				100%
9	330kV屋外配电装置构筑物	1350	190.99	2015.12.09			68.75	68.75	68.75				36%
10	全站接地	380	40.19	2015.12.03			12.06	12.06	12.06				30%
合计	投标总价		1871.16				1122.70	369.66					60%

图 4-55　正确图示（二）

（4）参考依据。

施工合同“计量与支付”相关条款。

4.4.5　工程施工阶段进度款上报超出合同要求支付比例

（1）案例描述。

工程刚竣工投运，施工单位在申请进度款时，进度款报审表申请金额超出合同价的91%。依据施工合同约定发包人应在签发进度付款证书后的28天内，向承包人按不高于阶段结算计量工程价款的91%向承包人支付工程进度款。合同价格的9%作为保留金（暂按签约合同价计算，最终合同价确定后，以最终合同价调整）。竣工结算未完成前，进度款上限不应超过合同价的91%。

（2）错误问题示例见图 4-56、图 4-57。

工程施工进度款报审表

工程名称：　　　　750kV 线路工程　　　　编号：

致________监理项目部：

本工程合同价款 13541.075 万元，已支预付款 2438.215 万元，已支付工程进度款 8115.205 万元。

我项目部于 2017 年 6 月 11 日至 2017 年 11 月 10 日共完成合同价款 1490.03 万元，按合同规定扣除 / %预付款和 / %保留金，特申请支付进度款 1490.03 万元，请予审核。

附件：施工工程完成情况月报

未扣除质量保证金

图 4-56　错误图示（一）

施工工程完成情况月报

工程名称： 750线路工程 报出日期：2017年11月 单位：万元

序号	单位工程	工程量	投标价格	完成投资		本月完成投资					月末形象进度
				自上年末累计	自年初累计	合计	建筑	安装	设备	其他	
...	...	...	...	...	...	...	...	...	...	...	...
十	税金		456.39	324.863	68.459	58.13	0	0		58.13	98%
合计	总价		13541.08	11509.4	2654.728	1490.03	813.68	676.35			96%

造价咨询单位（章） 监理单位（章） 施工单位（章）

申请进度款超过91%

图 4-57 错误图示（二）

该例中申请进度款 96%，未预留 9%的质量保证金，不应超过 91%。

（3）正确处理示例见图 4-58、图 4-59。

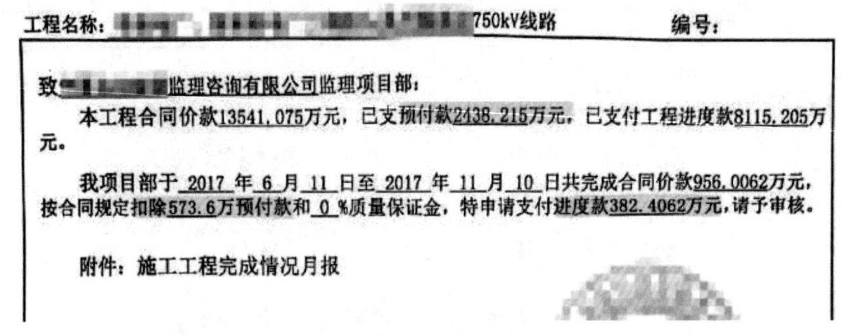
工程进度款报审表

工程名称： 750kV线路 编号：

致 监理咨询有限公司监理项目部：

本工程合同价款13541.075万元，已支预付款2438.215万元，已支付工程进度款8115.205万元。

我项目部于 2017 年 6 月 11 日至 2017 年 11 月 10 日共完成合同价款956.0062万元，按合同规定扣除573.6万预付款和 0 %质量保证金，特申请支付进度款382.4062万元，请予审核。

附件：施工工程完成情况月报

图 4-58 正确图示（一）

施工进度月末形象进度表

工程名称： 750kV线路 报出日期：2017年11月 单位：万元

序号	单位工程	工程量	投标价格	完成投资		本月完成投资					月末形象进度
				自上年末累计	自年初累计	合计	建筑	安装	设备	其他	
...	...	...		...	...	...	...	...	...	...	...
十	税金		456.39	324.863	68.459	4.56	0.00	0.00		4.56	71%
合计	投标总价		13541.08	11509.402	2840.1279	956.0062	435.2	435.2			85%

图 4-59 正确图示（二）

（4）参考依据。

施工合同“计量与支付”相关条款。

4.5 分部结算费用错误，不符合分部结算相关规定

4.5.1 分阶段结算时未将设计变更量计入

（1）案例描述。

施工单位在基础施工阶段，因土方尖峰基础工程量与设计图纸不符，由设计现场核

实后进行了变更。在分阶段结算时，按原施工图纸计算，未将设计变更工程量计算在内，导致结算工程量不准确。

（2）错误问题示例见图 4-60。

未计入变更工程量

工程量结算确认表

工程名称：　750千伏输变电工程线路工程

序号	项目编码	项目名称	项目特征	计量单位	工程量对比						
					招标工程量①	审定的施工图工程量②	变更工程量	签证工程量	竣工工程量③	量差（②-①）	量差（③-①）
	SK	架空线路									
9	SK1101A14006	自立铁塔坑挖方及回填	挖孔基础开挖 普通土 直径2000以内 坑深15m以内	m³	763.20	0.00			0	-763.2	-763.2
10	SK1101A14007	自立铁塔坑挖方及回填	挖孔基础开挖 普通土 直径2000以内 坑深20m以内	m³	1157.28	1488.98			1488.98	331.7	331.7
11	SK1101A12001	尖峰、基面、排水沟、护坡及挡土墙土石方开挖及回填	1.名称（尖峰、基面、排水沟、护坡及挡土墙）:尖峰、基面	m³	1252.82	0.00			0	-1252.815	-1252.815
	SK21	2 基础工程									
	SK2101	2.1 基础钢材									
12	SK2101B11001	一般钢筋	1.一般钢筋:一般钢筋	t	742.04	328.00			328	-414.04	-414.04
13	SK2101B13001	地脚螺栓	1.地脚螺栓:地脚螺栓	t	145.07	131.72			131.715	-13.355	-13.355

图 4-60　错误图示

因为工程变更，本工程存在设计变更单，此例工程量计算未纳入设计变更工程量。实际工作中时常出现设计变更，进行结算时应考虑此项。

（3）正确处理示例见图 4-61。

工程量结算确认表

工程名称：　750千伏输变电工程线路工程

序号	项目编码	项目名称	项目特征	计量单位	工程量对比						
					招标工程量①	审定的施工图工程量②	变更工程量	签证工程量	竣工工程量③	量差（②-①）	量差（③-①）
	SK	架空线路									
9	SK1101A14006	自立铁塔坑挖方及回填	挖孔基础开挖 普通土 直径2000以内 坑深15m以内	m³	763.20	0.00			0	-763.2	-763.2
10	SK1101A14007	自立铁塔坑挖方及回填	挖孔基础开挖 普通土 直径2000以内 坑深20m以内	m³	1157.28	1488.98			1488.98	331.7	331.7
11	SK1101A12001	尖峰、基面、排水沟、护坡及挡土墙土石方开挖及回填	1.名称（尖峰、基面、排水沟、护坡及挡土墙）:尖峰、基面	m³	1252.82	0.00	540.00		540	-1252.815	-712.815
	SK21	2 基础工程									
	SK2101	2.1 基础钢材									
12	SK2101B11001	一般钢筋	1.一般钢筋:一般钢筋	t	742.04	328.00			328	-414.04	-414.04
13	SK2101B13001	地脚螺栓	1.地脚螺栓:地脚螺栓	t	145.07	131.72	34.15		165.865	-13.355	20.795

图 4-61　正确图示

（4）参考依据。

国网宁夏电力公司《工程造价过程管理实施办法（试行）》

4.5.2 分阶段结算时未计入新增工程量部分费用

（1）案例描述。

施工单位在分阶段结算时，未将新增综合单价部分工程量计入结算中，导致结算费用不准确。

（2）错误问题示例见图 4-62。

工程量结算确认表

工程名称：750千伏输变电工程线路工程

序号	项目编码	项目名称	项目特征	计量单位	工程量对比						
					招标工程量①	审定的施工图工程量②	变更工程量	签证工程量	竣工工程量⑤	量差（②-①）	量差（⑤-①）
	SK	架空线路									
	SK11	1 土石方工程									
	SK1101	1.1 土石方工程									
1	SK1101A11001	线路复测分坑	1.杆塔类型：直线自立塔	基	85.00	84			84	-1	-1
2	SK1101A11002	线路复测分坑	1.杆塔类型：耐张(转角)自立塔	基	28.00	29			29	1	1
3	SK1101A16001	接地槽挖方及回填		m^3	5664.00	3155.2			3155.2	-2508.8	-2508.8
4	SK1101A14001	自立铁塔坑挖方及回填	1.开挖深度：4.0m以内	m^3	8012.51	2423.85			2423.85	-5588.662	-5588.662
5	SK1101A14002	自立铁塔坑挖方及回填	1.开挖深度：5.0m以内	m^3	44632.79	9415.28			9415.28	-35217.508	-35217.508
6	SK1101A14003	自立铁塔坑挖方及回填	1.开挖深度：6.0m以内	m^3	25327.92	2744.66			2744.66	-22583.26	-22583.26
7	SK1101A14004	自立铁塔坑挖方及回填	挖孔基础开挖 普通土 直径1500以内 坑深10m以内	m^3	938.88	167.35			167.35	-771.53	-771.53
8	SK1101A14005	自立铁塔坑挖方及回填	挖孔基础开挖 普通土 直径1500以内 坑深15m以内	m^3	4024.32	3246.31			3246.31	-778.01	-778.01

未计入新增工程量

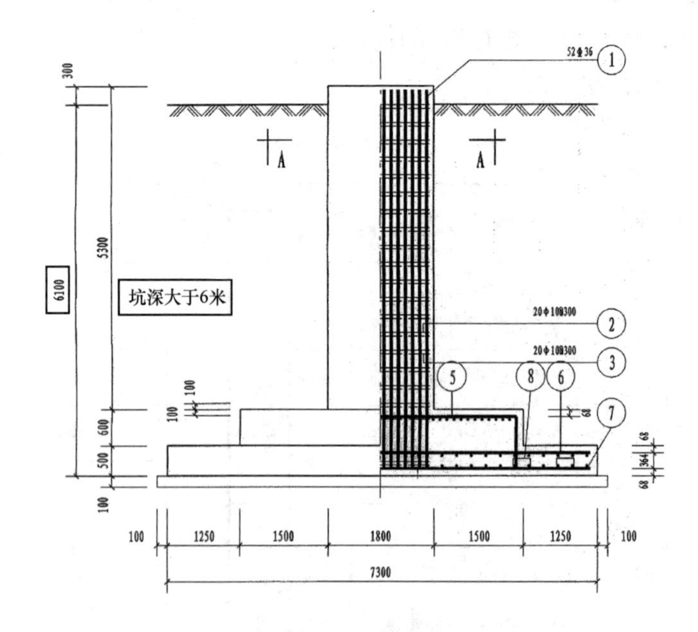

图 4-62 错误图示

此例发生新增工程量未计列，应将新增综合单价部分工程量计入。

（3）正确处理示例见图 4-63。

工程量结算确认表

工程名称：750千伏输变电工程线路工程

序号	项目编码	项目名称	项目特征	计量单位	工程量对比						
					招标工程量①	审定的施工图工程量②	变更工程量	签证工程量	竣工工程量③	量差（②-①）	量差（③-①）
	SK	架空线路									
	SK11	1 土石方工程									
	SK1101	1.1 土石方工程									
1	SK1101A11001	线路复测分坑	1.杆塔类型：直线自立塔	基	85.00	84			84	-1	-1
2	SK1101A11002	线路复测分坑	1.杆塔类型：耐张(转角)自立塔	基	28.00	29			29	1	1
3	SK1101A16001	接地槽挖方及回填		m^3	5664.00	3155.2			3155.2	-2508.8	-2508.8
4	SK1101A14001	自立铁塔坑挖方及回填	1.开挖深度：4.0m以内	m^3	8012.51	2423.85			2423.85	-5588.662	-5588.662
5	SK1101A14002	自立铁塔坑挖方及回填	1.开挖深度：5.0m以内	m^3	44632.79	9415.28			9415.28	-35217.508	-35217.508
6	SK1101A14003	自立铁塔坑挖方及回填	1.开挖深度：6.0m以内	m^3	25327.92	2744.66			2744.66	-22583.26	-22583.26
新增		自立铁塔坑挖方及回填	1.开挖深度：7.0m以内	m^3		4047			4046.66	4046.66	4046.66
7	SK1101A14004	自立铁塔坑挖方及回填	挖孔基础开挖 普通土 直径1500以内 坑深10m以内	m^3	938.88	167.35			167.35	-771.53	-771.53

图 4-63 正确图示

（4）参考依据。

国网宁夏电力公司《工程造价过程管理实施办法（试行）》

4.5.3 分阶段结算时设计单位未及时变更施工过程中图纸导致工程量计算有误

（1）案例描述。

设计单位未及时变更图纸，导致分阶段结算时，工程量计算时使用旧图纸，与实际工程的工程量不一致。

（2）错误问题示例见图 4-64。

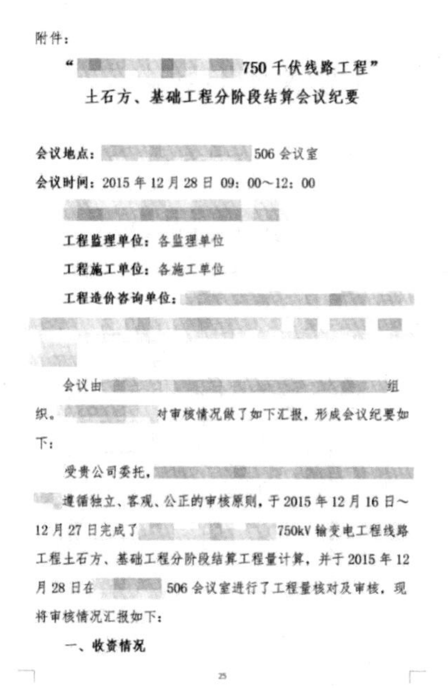

附件：

"750 千伏线路工程"

土石方、基础工程分阶段结算会议纪要

会议地点：506 会议室

会议时间：2015 年 12 月 28 日 09：00～12：00

工程监理单位：各监理单位

工程施工单位：各施工单位

工程造价咨询单位：

会议由组织。对审核情况做了如下汇报，形成会议纪要如下：

受贵公司委托，遵循独立、客观、公正的审核原则，于 2015 年 12 月 16 日～12 月 27 日完成了750kV 输变电工程线路工程土石方、基础工程分阶段结算工程量计算，并于 2015 年 12 月 28 日在506 会议室进行了工程量核对及审核，现将审核情况汇报如下：

一、收资情况

25

经各方共同努力，各参建单位于 12 月 24 日前基本完成分阶段结算资料上报。通过整理上报资料及工程量计算过程中发现部分资料有待完善：

1、1～7 标设计院未提供地勘报告、接地图纸；

2、6～7 标缺少地脚螺栓安装图纸；

3、1 标、3 标未按照要求完成工程量计算底稿；

4、设计提供的图纸与现场实际情况不相符，如：3 标段设计提供图纸中掏挖基础杆塔与实际不一致，6 标段设计提供的图纸基础型式与现场不一致，7 标段设计提供的图纸未反应出现场增加的 4 基铁塔等。

5、各施工单位上报资料名称不统一，且版本较多。

6、赔偿费上报资料较混乱。

二、完成工作情况

依据设计院提供的现有图纸，现已完成1～7 标土石方、基础工程量计算及核对。签证变更的审核、赔偿费用的统计等。

三、工程量核对过程中发现的问题

1 标：750 千伏输变电工程线路工程

1、施工单位地脚螺栓工程量计算有误，设计未提供塔脚板尺寸，保护帽工程量无法计算。

2、设计院提供的图纸中 G76 号铁塔为岩石嵌固基础，与现场实际锚杆基础不符。

26

图 4-64 错误图示

此例中设计图纸与现场施工情况不符。当工程施工过程中发生变更设计单位应及时将设计变更工程量计入竣工图，确保图实相符。

（3）正确处理示例见图 4-65。

架线、附件工程量对比表

工程名称：■■■■750千伏输变电工程线路工程

序号	项目编码	项目名称	项目特征	计量单位	工程量对比							变化依据
					招标工程量	施工单位 施工图量	监理单位 施工图量	设计单位 施工图量	施工-监理	施工-设计	最终审定 施工图量	
78	SK4101D13007	交叉跨越	1. 被跨越物名称:国道、省道	处	2.000	2.000	2.000	6.000	0	-4.000		
79	SK4101D13008	交叉跨越	1. 被跨越物名称:沟/干渠	处	1.000	0.000	0.000		0	0.000		
	新增	导线架设	1. 架设方式:张力架设 2. 单回路架设	km		1.631	1.631		0	1.631	1.631	
	新增	交叉跨越	1. 被跨越物名称:房屋	处		2.000	2.000		0	2.000	9.000	
	SK51	5 附件安装工程										
	SK5101	5.1 附件安装工程										
80	SK5101E11001	悬垂绝缘子、金具串安装	1. 绝缘子名称及型号:超长合成绝缘子	单相	444.000	382.000	382.000	383.000	0	-1.000	378.000	
81	SK5101E12001	耐张绝缘子、金具串安装	1. 绝缘子名称及型号:瓷质绝缘子	组	288.000	340.000	340.000	341.000	0	-1.000	338.000	
82	SK5101E13001	跳线绝缘子、金具串安装	1. 跳线类型(软跳线、刚性跳线):刚性跳线 2. 绝缘子名称及型号:	单相	54.000	23.000	23.000	15.000	0	8.000	19.000	
83	SK5101E13002	跳线绝缘子、金具串安装	1. 跳线类型(软跳线、刚性跳线):刚性跳线 2. 绝缘子名称及型号:	单相	90.000	147.000	147.000	169.000	0	-22.000	147.000	
84	SK5101E14001	其他金具安装	1. 名称:间隔棒 2. 规格或型号:FJZ-640/400	个	4620.000	7623.000	7623.000	5291.000	0	2332.000	6141.000	

图 4-65　正确图示

（4）参考依据。

国网宁夏电力公司《工程造价过程管理实施办法（试行）》

4.5.4　分阶段结算时变更、签证未办理完毕

（1）案例描述。

分阶段结算前发生现场签证，但在分阶段结算时，未及时办理现场签证手续，导致分阶段结算时未计入该部分费用。

（2）错误问题示例见图 4-66。

现场签证未计列

变电工程施工费用结算单

工程名称：■■330kV变电站新建工程（建筑部分）　　单位：元

序号	工程或费用名称	结算投资									考核调整±%	实际结算总记	备注
		工程费	其中：编制年价差	投标人设备费	措施费（一）	措施费（二）	其他项目费（签证）	规费	税金	结算合计			
一	建筑工程费	17286042								17286042		17286042	
1	建筑部分	17286042								17286042		17286042	
二	措施项目费												
三	其他项目费												
四	规费												
五	税金（税率：3.488%）												
六	合计	17286042								17286042		17286042	
七	最终结算费用（折扣率98.9）											17286042	
简要说明													

项目管理单位（章）　　项目承包单位（章）

图 4-66　错误图示

此例存在设计变更及现场签证，因手续尚未办结，导致结算单中未计入此项费用。

（3）正确处理示例见图 4-67。

变电工程施工费用结算单

工程名称：330kV变电站新建工程（建筑部分） 单位：元

序号	工程或费用名称	结算投资									考核调整±%	实际结算总记	备注
		工程费	其中：编制年价差	投标人设备费	措施费（一）	措施费（二）	其他项目费(签证)	规费	税金	结算合计			
一	建筑工程费	17286042								17286042		17286042	
1	建筑部分	17286042								17286042		17286042	
二	措施项目费												
三	其他项目费						616410.6						
四	规费												
五	税金（税率：3.488%）												
六	合计	17286042					616410.6			17902452.6		17902452.6	
七	最终结算费用（折扣率98.9）											17902452.6	
简要说明													

项目管理单位（章） 项目承包单位（章）

图 4-67 正确图示

（4）参考依据。

《国家电网公司输变电工程设计变更与现场签证管理办法》[国网（基建/3）185—2015]

国网宁夏电力公司《工程造价过程管理实施办法（试行）》

4.5.5 分阶段结算时未计算措施费、规费

（1）案例描述。

分阶段结算时，只计算分部分项工程量清单部分费用，未计算相对应的措施费、规费，导致分阶段结算费用不完整。

（2）错误问题示例见图 4-68。

措施费、规费未计列

750kV线路工程分阶段结算单书

工程名称：750kV线路工程 单位：元

序号	工程或费用名称	结算投资									考核调整±%	实际结算总计	备注
		工程费	其中：编制年价差	投标人设备费	措施费（一）	措施费（二）	其他项目	规费	税金	结算合计			
一	分项工程费	26782338								26782338		26782338	
1	基础部分	17506393								17506393		17506393	
2	杆塔工程	8853704								8853704		8853704	
3	接地工程	422241								422241		422241	
4	架线工程									0		0	
5	附件安装工程									0		0	
6	辅助工程									0		0	
二	措施项目费									0		0	
三	其他项目费						1381246			1381246		1381246	
1	赔偿费						1381246			1381246		1381246	
2	1号现场签证									0		0	
3	其他费									0		0	
四	规费									0		0	
五	税金								1790188	1790188		1790188	
六	合计	26782338	0	0	0	0	1381246		1790188	29953772		29953772	
七	最终结算费用											29953772	
简要说明													

图 4-68 错误图示

分阶段结算书中应据实列入措施费、规费。

（3）正确处理示例见图4-69。

750kV线路工程分阶段结算单书

工程名称：750kV线路工程　　单位：元

序号	工程或费用名称	结算投资									考核调整±%	实际结算总计	备注
		工程费	其中：编制年价差	投标人设备费	措施费（一）	措施费（二）	其他项目	规费	税金	结算合计			
一	分项工程费	26782338								26782338		26782338	
1	基础部分	17506393								17506393		17506393	
2	杆塔工程	8853704								8853704		8853704	
3	接地工程	422241								422241		422241	
4	架线工程									0		0	
5	附件安装工程									0		0	
6	辅助工程									0		0	
二	措施项目费				7036730					7036730		7036730	
三	其他项目费						4154228			4154228		4154228	
1	赔偿费						1381246			1381246		1381246	
2	1号现场签证						60756			60756		60756	
3	其他费						2712226			2712226		2712226	
四	规费							4837540		4837540		4837540	
五	税金								1790188	1790188		1790188	
六	合计	26782338	0	0	7036730	0	4154228	4837540	1790188	44601024		44601024	
七	最终结算费用											44601024	
简要说明		2、3、4号签证计入线路工程费中											

图4-69　正确图示

（4）参考依据。

国网宁夏电力公司《工程造价过程管理实施办法（试行）》

4.5.6　分阶段结算时监理、设计单位未提供工程量计算书

（1）案例描述。

分阶段结算时，施工及咨询单位提供了工程量计算书并进行了核对，而监理、设计单位未提供，不符合设计、监理合同要求。

（2）错误问题示例见图4-70。

工程量对比表

工程名称：　750千伏输变电工程线路工程

序号	项目编码	项目名称	项目特征	计量单位	工程量对比							变化依据
					招标工程量	施工单位施工图量	监理单位施工图量	设计单位施工图量	施工-监理	施工-设计	最终审定施工图量	
	SK	架空线路										
	SK31	3 杆塔工程							0	0		
	SK3101	3.1 杆塔组立							0	0		
1	SK3101C14001	自立塔组立	1.名称（角钢塔、钢管塔）:角钢塔 2.塔全高:50m以内 3.每米塔重:800kg以内	t	1119.28	644.43			644.43	644.43	644.43	
2	SK3101C14002	自立塔组立	1.名称（角钢塔、钢管塔）:角钢塔 2.塔全高:50m以内 3.每米塔重:1200kg以内	t	196.58	140.23					134.10	
	SK41	4 架线工程										
	SK4101	4.1 架线工程										
3	SK4101B12002	导线架设	1.架设方式:张力放线 2.导线型号、规格、回路数、相数、相分裂数:JL/G1A-400/50；单回路；3相；6分裂	km	20.86	41.458					41.458	
4	SK4101B11001	避雷线架设	1.架设方式:张力放线 2.避雷线型号、规格、根数:GJ-100；1根	km	15.86	45.865					45.865	

图4-70　错误图示

根据《工程造价过程管理实施办法（试行）》，分阶段结算工程量监理、设计单位应按合同要求提供工程量计算书，纳入工程量对比中。

（3）正确处理示例见图 4-71。

工程量对比表

工程名称：　　750千伏输变电工程线路工程

序号	项目编码	项目名称	项目特征	计量单位	工程量对比							变化依据
					招标工程量	施工单位施工图量	监理单位施工图量	设计单位施工图量	施工-监理	施工-设计	最终审定施工图量	
	SK	架空线路										
	SK31	3 杆塔工程							0	0		
	SK3101	3.1 杆塔组立							0	0		
1	SK3101C14001	自立塔组立	1.名称（角钢塔、钢管塔）:角钢塔 2.塔全高:50m以内 3.每米塔重:800kg以内	t	1119.28	644.43	656.14	644.43	-11.71	0	644.43	
2	SK3101C14002	自立塔组立	1.名称（角钢塔、钢管塔）:角钢塔 2.塔全高:50m以内 3.每米塔重:1200kg以内	t	196.58	140.23	140.23	134.10	0	6.13	134.10	
	SK41	4 架线工程										
	SK4101	4.1 架线工程										
3	SK4101D12002	导线架设	1.架设方式:张力放线 2.导线型号、规格、回路数、相数、相分裂数:JL/G1A-400/50；单回路；3相；6分裂	km	20.85	41.458	41.458	41.458	0	0	41.458	
4	SK4101D11001	避雷线架设	1.架设方式:张力放线 2.避雷线型号、规格、根数:GJ-100；1根	km	15.85	45.865	48.657	45.865	-2.792	0	45.865	

图 4-71　正确图示

（4）参考依据。

国网宁夏电力公司《工程造价过程管理实施办法（试行）》

4.5.7 分阶段结算时未对甲供物资与 ERP 账进行对比

（1）案例描述。

分阶段结算时，只计算施工单位部分费用，未核对甲供物资，且未与 ERP 账进行对比，导致甲供物资与图纸量不一致未及时发现，无法进行甲供物资变更手续。

（2）错误问题示例见图 4-72。

杆塔、接地工程阶段结算汇总表

工程名称：　　750kV线路工程　　金额单位：万元

序号	工程或费用名称	合同金额	送审金额	审定金额	调整金额（审定-合同）	调整金额（审定-送审）	备注
一	线路工程						
1	杆塔工程	3702.5441	3867.5842	3788.1244	85.5803	-79.4598	
2	接地工程	19.3372	25.7168	18.7536	-0.5836	-6.9632	
二	措施项目费						本次暂不计列
三	其他项目费						本次暂不计列
四	规费						本次暂不计列
五	税金						本次暂不计列
六	招标人采购材料费	19857.1570			-19857.1570		塔材
七	合计	23579.0383	3893.3010	3806.8780	-19772.1603	-86.4230	
七	最终结算费用						

未核对审定甲供物资

图 4-72　错误图示

此例中未对甲供物资进行核对。应对甲供物资进行核对且与 ERP 账进行对比，以便及时发现甲供物资与图纸量不一致，办理甲供物资变更手续。应对甲供物资进行核对且与 ERP 账对比，结算汇总表填写见正确示例。

（3）正确处理示例见图 4-73。

杆塔、接地工程阶段结算汇总表

工程名称： 750kV线路工程 金额单位：万元

序号	工程或费用名称	合同金额	送审金额	审定金额	调整金额（审定-合同）	调整金额（审定-送审）	备注
一	线路工程						
1	杆塔工程	3702.5441	3867.5842	3788.1244	85.5803	-79.4598	
2	接地工程	19.3372	25.7168	18.7536	-0.5836	-6.9632	
二	措施项目费						本次暂不计列
三	其他项目费						本次暂不计列
四	规费						本次暂不计列
五	税金						本次暂不计列
六	招标人采购材料费	19857.1570	22717.6125	21785.3318	1928.1748	-932.2807	塔材
七	合计	23579.0383	26610.9135	25592.2098	2013.1715	-1018.7037	
七	最终结算费用						

图 4-73 正确图示

（4）参考依据。

国网宁夏电力公司《工程造价过程管理实施办法（试行）》

第5章 全口径竣工结算典型案例

输变电工程竣工结算是指对工程发承包合同价款进行约定和依据合同约定进行工程预付款、工程进度款、工程竣工价款结算的活动，范围包括工程建设全过程的建筑工程费、安装工程费、设备购置费和其他费用等。工程竣工结算应遵循“合法、平等、诚信、及时、准确”的原则，遵循国家有关法律、法规、规章及公司有关规定，严格执行合同约定。为进一步提升全口径竣工结算报告编制质量，解决造价管理人员结算编制中存在的问题，切实提升技经专业管理水平，本章归纳了建筑工程费、安装工程费结算，甲供物资入账及结算，其他费用合同执行及结算三方面典型案例。

5.1 建安工程费用结算不准确

5.1.1 施工单位结算分部分项结算金额与汇总表金额不一致

（1）案例描述。

施工单位报送的结算资料中分部分项费用与结算汇总不一致，存在结算汇总大于后附分部分项费用的现象，存在人为因素调增结算费用的风险。

（2）错误问题示例见图5-1。

工程项目投标总价汇总表

工程名称：××工程　　　　金额单位：元

序号	项目或费用名称	金额	备注
.	分部分项工程费	284215	
..1	建筑工程	42632	

工程项目竣工结算汇总表

程名称：××工程

序号	项目或费用名称	金额
	分部分项工程费	283500

全额不一致

图5-1　错误图示

此例中结算汇总大于后附分部分项费用，结算分部分项工程费用应与汇总表金额一致。

（3）正确处理示例见图 5-2。

工程项目投标总价汇总表

工程名称：××工程		金额单位：元	
序号	项目或费用名称	金额	备注
.	分部分项工程费	283500	
..1	建筑工程	42525	

工程项目竣工结算汇总表

工程名称：××工程		
序号	项目或费用名称	金额
1	分部分项工程费	283500

图 5-2　正确图示

（4）参考依据。

《国家电网公司输变电工程结算管理办法》［国网（基建/3）114—2017］

5.1.2　新增综合单价组价时材料单价未按合同约定原则计价

（1）案例描述。

工程结算时，按照合同约定，新增综合单价组价应按照计价标准计价规范组价，但是部分单位在新增综合单价组价时未按照合同约定组价，主要表现在新增综合单价设备材料单价未按照招标价或施工期信息价计列。

（2）错误问题示例见图 5-3。

安装工程量清单综合单价人、

程名称：××220kV变电站间隔扩建工程							
序号	项目编码（编制依据）	项目名称	计量单位	工程量（数量）	单价		
					人工费	材料费	
						承包人采购	发包人采购
	综合单价人、材、机				8859.01	16916.61	
	BA6104G18004	防火隔板	m²	2			
	GD8-12	电缆防火安装 防火隔板	100m²	0.02	4681.94	1510.71	
	N03050104	防火隔板	m²	2		154.5	

图 5-3　错误图示

变电站安装工程电缆防火隔板新增综合单价结算时，地方材料信息单价 150 元，但结算按照 154.5 元计算，无依据。

（3）正确处理示例见图 5-4、图 5-5。

安装工程量清单综合单价人、

号	项目编码（编制依据）	项目名称	计量单位	工程量（数量）	单价 人工费	材料费 承包人采购	材料费 发包人采购
	综合单价人、材、机				8859.01	16916.61	
	BA6104G18004	防火隔板	m²	2			
	GD8-12	电缆防火安装 防火隔板	100m²	0.02	4681.94	1510.71	
	N03050104	防火隔板	m²	2		150	
	综合单价人、材、机				46.82	169.61	
	BA8202T41001	SF_6气体试验	样	18			

图 5-4 正确图示（一）

SGTYHT/14-GC-015 输变电工程施工合同

综合单价不得调整。新增项目优先考虑采用原合同中的类似单价，或参照信息价格，无类似单价的由承包人按投标报价的计价原则

图 5-5 正确图示（二）

（4）参考依据。

《国家电网公司输变电工程结算管理办法》[国网（基建/3）114—2017]

5.1.3 调试工程量新增综合单价未根据试验报告实际内容进行组价

（1）案例描述。

按照清单计价规范新增综合单价应按照项目特征及实际工作内容进行组价，但是结算中发现，施工单位组价为未按照工作内容及特征进行组价。主要表现在试验项目的新增综合单价未根据实验报告进行核实，新增试验项目清单费用组价错误，导致施工单位工程量新增综合单价结算金额不正确。

（2）错误问题示例见图 5-6。

安装分部分项工程量清单计价表

工程名称：110kV变电站工程

序号	项目编码	项目名称	项目特征	计量单位	工程量	综合单价	人工费	材料费 承包人采购	材料费 发包人采购	其中：暂估价
		变电站安装工程								
		一、主要生产工程								
105	BA8201T40001	绝缘油试验	1.充油设备名称: 2.充油设备型号规格: 3.取样方式: 4.试验项目名称:	样	9	4810.11	729.63	341.69		

图 5-6 错误图示

此例油质试验取样为 9 样，但全分析只做 5 样（介质损耗、体积电阻率、水溶性酸值、闭口闪点、界面张力），色谱分析仅做了 7 样，结算全部按 9 样计列了定额所列的所有油质试验费用。应对实验报告进行核实，据实组价。

（3）正确处理示例见图 5-7。

安装工程量清单综合单价

工程名称：××110kV变电站工程（电气施工费）审核　　金额单位：元

序号	项目编码	项目名称	计量单位	人工费	材料费		综合单价
					承包人采购	发包人采购	
33	BA8201T40001	绝缘油试验	样	985.72	192.43		2657.45

安装工程量清单综合单价人、；

工程名称：**110kV变电站工程（电气施工费）审核　　金额单位：元

序号	项目编码（编制依据）	项目名称	计量单位	工程量（数量）	单价				
					人工费	材料费			机械费
						承包人采购	发包人采购	暂	
33	BA8201T40001	绝缘油试验	样	9					
	YS7-96	绝缘油 瓶取样	样	9	75.57	11.01			
	YS7-98	绝缘油 介质损耗因数测量	样	5	181.36	14.24			425
	YS7-99	绝缘油 体积电阻率测量	样	5	272.04	14.24			425
	YS7-100	绝缘油 水溶性酸值(pH)测试	样	5	181.36	22.43			177
	YS7-101	绝缘油 击穿电压试验	样	9	120.91	11.51			436
	YS7-102	绝缘油 酸值试验	样	5	120.91	25.05			240
	YS7-103	绝缘油 闭口闪点试验	样	5	181.36	5.42			96
	YS7-104	绝缘油 界面张力试验	样	5	181.36	60.23			1472
	YS7-105	绝缘油 水分(微水)试验	样	9	120.91	57.94			1397
	YS7-106	绝缘油 色谱分析	样	7	60.45	42.8			1232
	综合单价人、材、机				985.72	192.43			5898

图 5-7　正确图示

（4）参考依据。

《国家电网公司输变电工程工程量清单计价规范》（Q/GDW 11337—2014）

5.1.4　新增综合单价特征描述与竣工图内容不一致错误

（1）案例描述。

部分新增综合单价工作内容及项目特征描述与竣工图实际不符，新增工程量清单特征描述不符合工程量清单计价规范规定，并与竣工图工作内容特征不一致，造成结算费用不清或结算争议。

（2）错误问题示例见图 5-8。

新增综合单价报审表　　特征描述不清

工程名称：××线路工程　　单号：001

序号	项目名称	项目特征	计量单位	综合单价（元）
1	现浇基础	1-3cm	m^3	600.32
2	毛石垫层	C40抗硫	m^3	189.94

图 5-8　错误图示

此例新增综合单价报审表中毛石垫层与现浇基础特征描述不清，不符合工程量清单计价规范描述原则，且与竣工图实际不符。新增综合单价组价项目应正确描述特征且与竣工图一致。

（3）正确处理示例见图 5-9。

项目名称	特征描述
毛石垫层	1. 垫层类型：坑底铺石
现浇基础	1、基础类型名称：板式基础 2、基础混凝土强度等级：C40 3、混凝土拌和要求：商品混凝土

图 5-9　正确图示

应严格按照清单计价规范特征描述原则，按照竣工图实际情况进行描述。

（4）参考依据。

《国家电网公司输变电工程工程量清单计价规范》（Q/GDW 11337—2014）

5.1.5　新增综合单价组价原则不符合施工合同约定

（1）案例描述。

按照施工合同约定，新增综合单价应乘以折扣系数［（中标价/投标最高限价）×100%］，但是部分工程新增综合单价未按照合同约定乘以折扣系数，造成工程结算费用增加。

（2）错误问题示例见图 5-10。

序号	项目编码	项目名称	计量单位	合同工程量	结算工程量	量差	合同综合单价	结算综合单价
		变电站建筑工程						
248	BT6101M11002	道路	m²		4353.74	4353.74		289.03
249	(补)BT6101B00001	抗裂纤维	kg		783.67	783.67		120
	BT6100	2.3 投光灯、箱柜等基础						

未计折扣系数

图 5-10　错误图示

依据该工程合同约定，工程量清单中无适用或类似子目的单价的，由承包人根据变更工程资料、计量规则和计价办法、变更提出时信息价格和承包人报价折扣率提出变更工程项的单价，报发包人确定后调整。承包人报价折扣率＝（中标价/投标最高限价）×100%。

（3）正确处理示例见图 5-11。

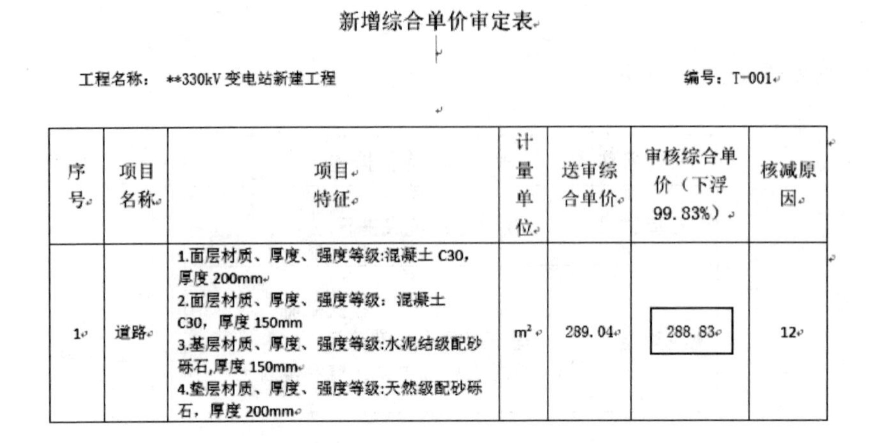

新增综合单价审定表

工程名称：**330kV 变电站新建工程　　　　编号：T-001

序号	项目名称	项目特征	计量单位	送审综合单价	审核综合单价（下浮 99.83%）	核减原因
1	道路	1.面层材质、厚度、强度等级:混凝土 C30,厚度 200mm 2.面层材质、厚度、强度等级：混凝土 C30，厚度 150mm 3.基层材质、厚度、强度等级:水泥结级配砂砾石,厚度 150mm 4.垫层材质、厚度、强度等级:天然级配砂砾石，厚度 200mm	m^2	289.04	288.83	12

图 5-11　正确图示

（4）参考依据。

《国家电网公司输变电工程结算管理办法》［国网（基建/3）114—2017］

5.1.6　新增综合单价组价折扣系数计算错误

（1）案例描述。

按照合同约定新增综合单价组价需乘以投标折扣系数，但部分结算编制时新增综合单价折扣系数计算错误，未按照合同约定进行折扣。实际中经常发生按照原投标报价取费系数组价后又再次进行折扣的现象，造成施工费用损失，结算不精准。

（2）错误问题示例见图 5-12。

安装工程量清单综合单价分析表

工程名称：110kV变电站工程　　　　金额单位：元

序号	项目编码	项目名称	计量单位	综合单价
59	BA6104G18001	防火堵料	t	1131.2433

折扣系数错误

图 5-12　错误图示

按照合同约定新增综合单价根据变更工程资料、计量规则和计价办法、变更时信息价和承包人报价折扣率提出单价，但结算时新增综合单价在组价时按原投标报价进行折扣后又按 99%进行折扣，属于重复折扣，与合同约定不一致。防火堵料综合单价＝1155.49

（按定额新组综合单价）×0.9889（合同折扣）×0.99（错误折扣）＝1131.2433 元，存在重复折扣现象。

（3）正确处理示例见图 5-13。

新增综合单价审定表

工程名称：110kV 变电站工程　　　　编号：01

经对施工单位报审的《110kV 变电站工程》新增综合单价，做出如下审核：

序号	项目名称	特征描述	单位	报审综合单价（元）	审定综合单价（元）
					审定综合单价*折扣比例 98.89%
1	防火堵料	常规型	吨	1131.2433	1142 .67

图 5-13　正确图示

防火堵料错误综合单价＝1155.49（原投标报价）×0.9889（合同折扣）＝1142.67 元

（4）参考依据。

《国家电网公司输变电工程结算管理办法》［国网（基建/3）114—2017］

《国家电网公司输变电工程工程量清单计价规范》（Q/GDW 11337—2014）

5.1.7　以“项”结算项目，结算时未执行合同，擅自调整结算费用

（1）案例描述。

按照合同约定以“项”报价的清单项目结算时通常不做调整，但部分工程以项投标采用了计算式乘以系数的形式，结算时未深入理解合同条款，仍然按照基数乘以系数结算，违反合同约定。

（2）错误问题示例见图 5-14。

其他项目清单计价表

工程名称：**110kV线路工程　　　　金额单位：元

序号	项目名称	金额	备注
—	招标人已列项目	2063188	
	暂列金额	1827189	暂列金额按分部分项工程费的5%到10%计取
	暂估价		
	其他	235999	
.1	拆除工程项目清单		
.2	招标人供应设备、材料卸车保管费	**105153**	
.2.1	设备保管费		
.2.2	材料保管费	105153	
.3	施工企业配合调试费	**30845**	
.4	建设场地征用及清理费	100000	
.4.1	土地占用费		

其他项目清单计价表

工程名称：**110kV线路工程　　　　金额单位：元

序号	项目名称	金额	备注
—	施工合同已列项目		
	线路赔偿费	2029500	
	其他	235999	
.1	拆除工程项目清单计价		
.2	发包人供应设备、材料卸车保管费	**101998.41**	按照折扣系数0.97进行调整
.3	施工企业配合调试费	**29919.65**	按照折扣系数0.97进行调整
.4	人工、材料、机械台班价格调整计价		

未以“项”结算，误以折扣系数调整

图 5-14　错误图示

线路工程卸车保管费、施工企业配合调试费按照投标报价约定以项报价结算不调整，但结算时按报价系数进行调整。

（3）正确处理示例见图 5-15。

其他项目清单计价表

工程名称：**110kV线路工程　　　　金额单位：元

序号	项目名称	金额	备注
–	招标人已列项目	2063188	
	暂列金额	1827189	暂列金额按分部分项工程费的5%到10%计取
	暂估价		
	其他	235999	
.1	拆除工程项目清单		
.2	招标人供应设备、材料卸车保管费	**105153**	
.2.1	设备保管费		
.2.2	材料保管费	105153	
.3	施工企业配合调试费	**30845**	
.4	建设场地征用及清理费	100000	
.4.1	土地占用费		

其他项目清单计价表

工程名称：**110kV线路工程

序号	项目名称	金额
一	施工合同已列项目	
1	线路赔偿费	2029500
5	其他	235999
5.1	拆除工程项目清单计价	
5.2	发包人供应设备、材料卸车保管费	**105153**
5.3	施工企业配合调试费	**30845**

图 5-15　正确图示

（4）参考依据。

《国家电网公司输变电工程结算管理办法》[国网（基建/3）114—2017]

5.1.8　分部分项结算工程量计算错误，导致费用结算错误

（1）案例描述。

部分工程结算时，未按照工程量清单计价规范进行工程量计算，或工程量计算结算数出现明显错误，多计、漏结工程费用。

（2）错误问题示例见图 5-16。

分部分项工程量清单结算汇总对比表

工程名称：**110kV线路

序号	项目编码	项目名称	计量单位	合同工程量	结算工程量	量差	合同
		架空线路					
	SD31	3 接地工程					
	SD3101	3.1 接地土石方					
20	SD3101C11001	接地槽挖方及回填	m^3	1080	**1102.5**	22.5	
	SD3102	3.2 接地安装					
21	SD3102C12001	接地安装	基	48	47	-1	

图 5-16　错误图示

此例接地型式 47 基为 C 型，竣工图计算单基方量为 49.9 方，合计应为 2345.35m^3，结算为 1102.5m^3。

（3）正确处理示例见图 5-17。

分部分项工程量清单结算汇总

工程名称：**110kV线路

序号	项目编码	项目名称	计量单位	合同工程量	结算工程量	量差
		架空线路				
	SD31	3 接地工程				
	SD3101	3.1 接地土石方				
20	SD3101C11001	接地槽挖方及回填	m^3	1080	2345.35	
	SD3102	3.2 接地安装				

图 5-17　正确图示

（4）参考依据。

《国家电网公司输变电工程结算管理办法》[国网（基建/3）114—2017]

设计单位出具的竣工资料

5.1.9 竣工结算存在明显漏项，新增工程量应增未增，结算精准度低

（1）案例描述。

部分工程结算时，竣工图包含的工程量应按新增综合单价进行结算，但结算未进行编制，在施工结算书、物资结算书中未体现，造成工程竣工结算与竣工图及现场实际情况不符，导致竣工结算不准确、结算精准度低。

（2）错误问题示例见图 5-18。

分部分项工程量清单结算汇总对比

工程名称：110kV线路工程-结算

序号	项目编码	项目名称	计量单位	合同工程量	结算工程量	量差
	SD51	5 附件安装工程				
	SD5101	5.1 附件安装工程				
9	SD5101E11	导线悬垂串、跳线	单相	243	228	-15
0	SD5101E12	导线耐张串安装	组	207	204	-3
2	SD5101E14	其他金具安装	个	822	686	-136

结算项漏计

图 5-18　错误图示

根据竣工图，导线跳线制作安装为 48 套，在结算中未计列，漏报。

（3）正确处理示例见图 5-19。

分部分项工程量清单结算汇总对比

工程名称：110kV线路工程-结算

序号	项目编码	项目名称	计量单位	合同工程量	结算工程量	量差
	SD51	5 附件安装工程				
	SD5101	5.1 附件安装工程				
9	SD5101E11	导线悬垂串、跳线	单相	243	228	-15
0	SD5101E12	导线耐张串安装	组	207	204	-3
1	SD5101E13	导线跳线制作、安装	单相		48	48
2	SD5101E14	其他金具安装	个	822	686	-136

图 5-19　正确图示

（4）参考依据。

《国家电网公司输变电工程结算管理办法》[国网（基建/3）114—2017]

设计单位出具的设计竣工资料及竣工图

5.1.10 竣工结算时擅自删除结算为“0”的清单报价，造成竣工结算报告合同价与实际合同存在偏差

（1）案例描述。

投标报价有工程量的子项，在工程结算时，因未实施擅自删除报价后导入结算，造

成工程招标结算费用对比不实，违反清单结算原则。

（2）错误问题示例见图 5-20。

建筑工程量清单计价明细表

0 (F)

项目名称	计量单位	合同工程量	结算工程量	量差	合同综合单价	结算
三、与站址有关的单项工程						
1 地基处理						
换填	m³	11000	10280	-720	181.81	
2 沿途道路改造						
道路	m²	1800		-1800	147.82	
道路	m²	400		-400	433.97	
挡土墙	m³	41.5		-41.5	714.55	
混凝土底板	m³	9		-9	1019.79	
5 站外排水						

建筑分部分项工程量清单计价表

工程名称：110kV变电站

序号	项目编码	项目名称	项目特征	计量单位	工程量	单价				
						综合单价	其中：			
							人工费	材料费		
								投标人采购	招标人采购	其中：估价
		变电站建筑工程								
		一、主要生产工程								
	BT6901	2 站外道路								
	BT6902	3 站外道路板涵								
39	BT6902A12001	挖一般土方	1.土壤类别：二类土壤 2.挖土平均厚度：4m以内	m³	20.000	164.72	5.80			

图 5-20　错误图示

投标报价时有四通一平站外道路土石方子项，但由于实际未施工，结算中无工程量，仍应保留该清单，导入结算。

（3）正确处理示例见图 5-21。

建筑工程量清单计价明细表

	编码：竣结-10 (F)							
3	序号	项目名称	计量单位	合同工程量	结算工程量	量差	合同综合单价	结算
21		三、与站址有关的单项工程						
22		1 地基处理						
23	278	换填	m³	11000	10280	-720	181.81	
24		2 沿途道路改造						
25	279	道路	m²	1800		-1800	147.82	
26	280	道路	m²	400		-400	433.97	
27	281	挖一般土方	m³	20		-20	164.72	
28	282	挡土墙	m³	41.5		-41.5	714.55	
29	283	混凝土底板	m³	9		-9	1019.79	
30		5 站外排水						

图 5-21　正确图示

（4）参考依据。

《国家电网公司输变电工程工程量清单计价规范》（Q/GDW 11337—2014）

5.1.11　工程结算工程量与竣工图存在逻辑错误

（1）案例描述。

竣工结算工程量未按照竣工图纸标注的尺寸和说明计列，或与竣工图说明存在冲突，计算不准确，主要出现在道路、地坪、地基处理及护坡等工程量清单中。

（2）错误问题示例见图5-22。

建筑分部分项工程量清单计价表

工程名称：×××330kV变电站新建工程						报送单位：×××工程公司			
							工程量对比		
序号	项目编码	项目名称	项目特征	计量单位	招标工程量①	施工图工程量②	变更工程量③	报送工程量小计④=②+③	审核工程量⑤
		2 站区性建筑							
	BT6101	2.1 站区道路及广场							
158	BT6101M11001	道路	1.面层材质、厚度、强度等级：混凝土C35 2.垫层材质、厚度、强度等级：碎石 3.基层材质、厚度、强度等级：块石基层	m³	3102.400	5672.40			
			抗裂纤维	kG		691.39	691.392		
			挖土				55.08		

未按竣工图量计列

图5-22 错误图示

按照竣工图相关资料，站外引接道路为5217m^2，结算未按照竣工图量计列。

（3）正确处理示例见图5-23。

建筑分部分项工程量清单计价表

程名称：×××330kV变电站新建工程						报送单位：×××工程公司		
							工程量对比	
序号	项目编码	项目名称	项目特征	计量单位	招标工程量①	施工图工程量②	变更工程量③	报送工程量小计④=②+③
		2 站区性建筑						
	BT6101	2.1 站区道路及广场						
58	BT6101M11001	道路	1.面层材质、厚度、强度等级：混凝土C35 2.垫层材质、厚度、强度等级：碎石 3.基层材质、厚度、强度等级：块石基层	m³	3102.400	5217.40		

图5-23 正确图示

（4）参考依据。

《国家电网公司输变电工程工程量清单计价规范》（Q/GDW 11337—2014）

5.1.12 竣工结算报告中施工费用与施工单位结算书矛盾

（1）案例描述。

全口径竣工结算报告中施工费用结算金额与施工费用结算书签字确认的施工单位结算费用不符。

（2）错误问题示例见图 5-24。

合同明细汇总表

表格编码：竣结-05（F）

序号	合同名称	合同金额及费用	变更额
一	招标部分		
1	××送变电工程公司-施工费	4547.9086	
2	××电力有限公司-施工费	334.0576	
3	××电力设计研究院-设计费	466.7688	
4	××电力设计研究院-可行性研究委托合同	144	
5	××建设监理咨询有限公司-监理费	190.96	
6	××建设监理咨询有限公司-监造费	28.3176	
7	××电力设备股份有限公司-变电站构架，钢	382.2019	
8	××变压器有限公司-330kV三相油浸有载自耦变压器，240MVA，330/110/35，一体	1358.4479	

结算报告

附件2

四通一平分阶段结算施工单位结算表

	建筑工程						
1	场地平整	m²	27.17	653839	-1280.00	-34779	图纸变化
2	道路	m²	410.28	103514	0.00	0	图纸变化
4	站外生活给水管道	m	225.70	4514	-10.00	-2257	图纸变化
	安装工程						
	总价部分合计			304637		-7089	
1	××水务分公司供水管线改造费	项	834320.00	834320	0.00	-86728	
4	输电线路走廊赔偿费	项	64082.00	64082	0.00	0	
	其他费用合计			962425			
五	承包人采购设备费	项	24825.76	24826	0.00	0	
	施工单位合计			3552938		-168285	
	编制单位：		编制人员：				

结算书

与结算报告不符

图 5-24　错误图示

变电全口径竣工结算报告施工费 334.0576 万元，施工单位结算书施工费为 355.2938 万元。计入竣工结算报告中的施工费与结算书不符。

（3）正确处理示例见图 5-25。

合同明细汇总表

表格编码：竣结-05（F）

序号	合同名称	合同金额及费用	变更额
一	招标部分		
1	宁夏送变电工程公司-施工费	4547.9086	
2	宁夏龙源电力有限公司-施工费	355.2938	
3	宁夏回族自治区电力设计研究院-设计费	466.7688	
4	宁夏回族自治区电力设计研究院-可行性研究委托合同	144	
5	宁夏电力建设监理咨询有限公司-监理费	190.96	
6	宁夏电力建设监理咨询有限公司-监造费	28.3176	
7	常熟风范电力设备股份有限公司-变电站构架，钢	382.2019	
8	特变电工衡阳变压器有限公司-330kV三相油浸有载自耦变压器，240MVA，330/110/35，一体	1358.4479	

附件2

四通一平分阶段结算施工单位结算表

	建筑工程						
1	场地平整	m²	27.17	653839	-1280.00	-34779	图纸变化
2	道路	m²	410.28	103514	0.00	0	图纸变化
4	站外生活给水管道	m	225.70	4514	-10.00	-2257	图纸变化
	安装工程						
	总价部分合计			304637		-7089	
1	宁夏水务投资公司六盘山水务分公司供水管线改造费	项	834320.00	834320	0.00	-86728	
4	输电线路走廊赔偿费	项	64082.00	64082	0.00	0	
	其他费用合计			962425			
五	承包人采购设备费	项	24825.76	24826	0.00	0	
	施工单位合计			3552938		-168285	
	编制单位：		编制人员：				

图 5-25　正确图示

（4）参考依据。

《国家电网公司输变电工程结算管理办法》［国网（基建/3）114—2015］

5.1.13　现场签证不规范

（1）案例描述。

部分工程结算时，现场签证办理不规范，未明确签证费用。如在进行事项说明中，未直接写明费用，而以附件形式出现。

（2）错误问题示例见图5-26。

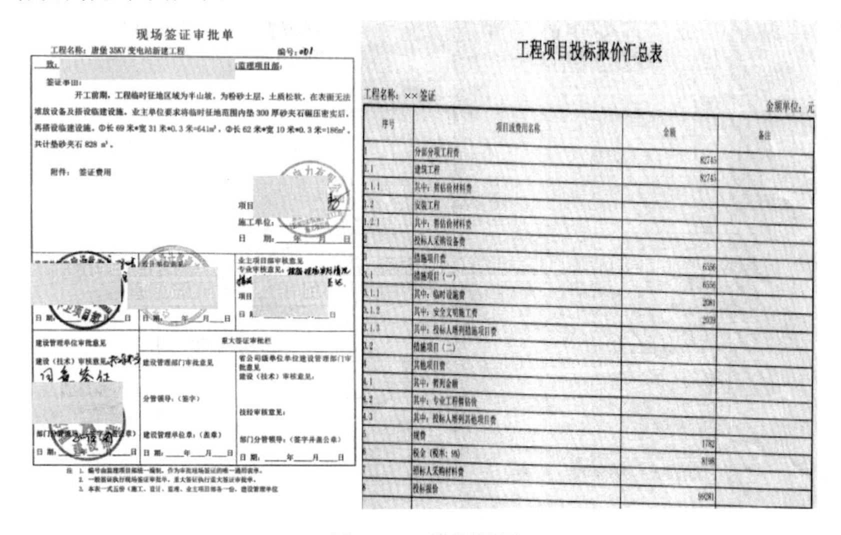

现场签证审批单

工程名称：唐堡35KV变电站新建工程　　编号：001

致：监理项目部：

签证事由：

开工前期，工程临时征地区域为半山坡，为粉砂土层，土质松软，在表面无法堆放设备及搭设临建设施。业主单位要求将临时征地范围内垫300厚砂夹石碾压密实后，再搭设临建设施。①长69米*宽31米*0.3米=641m³，②长62米*宽10米*0.3米=186m³，共计垫砂夹石828 m³。

附件：签证费用

项目
施工单位：
日　期：　年　月　日

业主项目部审核意见
专业审核意见：
项目
日期：　年　月　日

设计单位意见
日期：　年　月　日

建设管理单位审批意见
建设（技术）审核意见：同意签证
部门分管领导：（签字并盖章）
日期：　年　月　日

重大签证审批栏

建设管理部门审批意见
分管领导：（签字）
建设管理单位章：（盖章）
日期：　年　月　日

省公司级单位单位建设管理部门审批意见
建设（技术）审核意见：
技经审核意见：
部门分管领导：（签字并盖公章）
日期：　年　月　日

注：1．编号由监理项目部统一编制，作为审批现场签证的唯一通用表单。
2．一般签证执行现场签证审批单，重大签证执行重大签证审批单。
3．本表一式五份（施工、设计、监理、业主项目部各一份，建设管理单位

工程项目投标报价汇总表

工程名称：××签证　　金额单位：元

序号	项目或费用名称	金额	备注
1	分部分项工程费	82745	
1.1	建筑工程	82745	
1.1.1	其中：暂估价材料费		
1.2	安装工程		
1.2.1	其中：暂估价材料费		
2	投标人采购设备费		
3	措施项目费	6556	
3.1	措施项目（一）	6556	
3.1.1	其中：临时设施费	2081	
3.1.2	其中：安全文明施工费	2039	
3.1.3	其中：投标人增列措施项目费		
3.2	措施项目（二）		
4	其他项目费		
4.1	其中：暂列金额		
4.2	其中：专业工程暂估价		
4.3	其中：投标人增列其他项目费		
5	规费	1782	
6	税金（税率：9%）	8198	
7	招标人采购材料费		
8	投标报价	99281	

图5-26　错误图示

此例签证审批单中未明确费用，且费用附件中未签字盖章。费用应在签证审批单中直接写明且附件签字盖章。

（3）正确处理示例见图5-27。

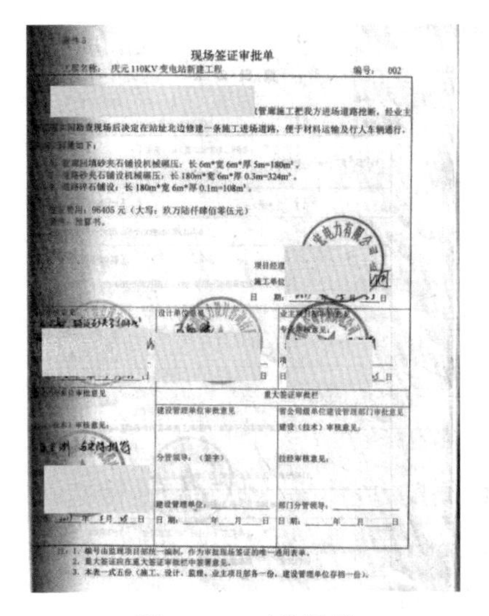

现场签证审批单

工程名称：庆元110KV变电站新建工程　　编号：002

管廊施工把我方进场道路挖断，经业主……到勘查现场后决定在站址北边修建一条施工进场道路，便于材料运输及行人车辆通行。

……如下：

1．管廊回填砂夹石铺设机械碾压：长6m*宽6m*厚5m=180m³，
2．道路砂夹石铺设机械碾压：长180m*宽6m*厚0.3m=324m³，
3．道路碎石铺设：长180m*宽6m*厚0.1m=108m³。

签证费用：96405元（大写：玖万陆仟肆佰零伍元）

项目经理
施工单位
日　期：

设计单位意见
业主项目部审核意见
专业审核意见：

重大签证审批栏

建设管理单位审批意见
分管领导：（签字）
建设管理单位：
日期：　年　月　日

省公司级单位建设管理部门审批意见
建设（技术）审核意见：
技经审核意见：
部门分管领导：
日期：　年　月　日

注：1．编号由监理项目部统一编制，作为审批现场签证的唯一通用表单。
2．重大签证应在重大签证审批栏中签署意见。
3．本表一式五份（施工、设计、监理、业主项目部各一份，建设管理单位存档一份）。

图5-27　正确图示

（4）参考依据。

《国家电网公司输变电工程结算管理办法》[国网（基建/3）114—2015]

《国家电网公司输变电工程设计变更与现场签证管理办法》[国网（基建/3）185—2015]

5.1.14 竣工结算中漏计签证费用，或签证滞后导致费用漏记

（1）案例描述。

竣工结算中施工单位未及时提报现场签证变更审批单，导致实际会议纪要内容明确需增加的费用漏记，或签证变更严重滞后。

（2）错误问题示例见图 5-28。

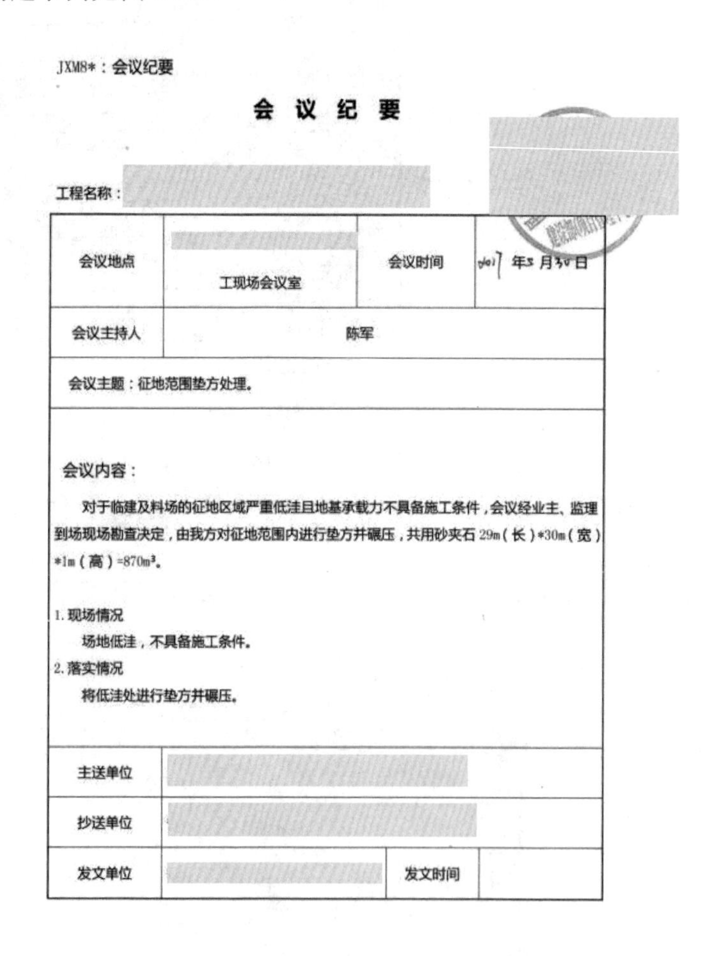

JXM8*：会议纪要

会 议 纪 要

工程名称：

会议地点	工现场会议室	会议时间	2017 年3 月30 日
会议主持人	陈军		
会议主题：征地范围垫方处理。			

会议内容：

对于临建及料场的征地区域严重低洼且地基承载力不具备施工条件，会议经业主、监理到场现场勘查决定，由我方对征地范围内进行垫方并碾压，共用砂夹石 29m（长）*30m（宽）*1m（高）=870m³。

1. 现场情况

场地低洼，不具备施工条件。

2. 落实情况

将低洼处进行垫方并碾压。

主送单位			
抄送单位			
发文单位		发文时间	

图 5-28　错误图示

某变电站工程未对会议纪要内容，提及临建场地砂夹石换填工程量 870m^3 办理签证，结算时未见签证审批单位，结算中漏计该签证费用。

（3）正确处理示例见图 5-29。

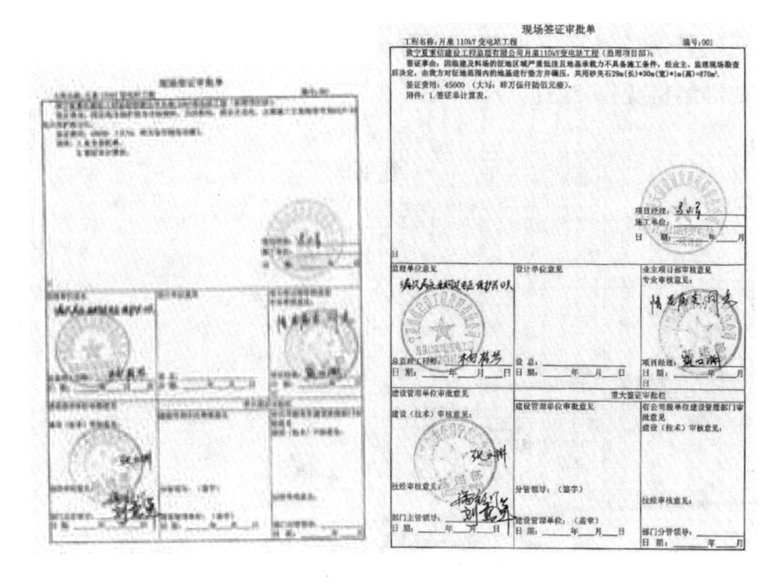

现场签证审批单

工程名称：月泉110kV变电站工程　　编号：001

致宁夏重信建设工程监理有限公司月泉110kV变电站工程（监理项目部）：

签证事由：因临建及料场的征地区域严重低洼且地基承载力不具备施工条件，经业主、监理现场勘查后决定，由我方对征地范围内的地基进行垫方并碾压，共用砂夹石29m（长）*30m（宽）*1m（高）=870m³。

签证费用：45600（大写：肆万伍仟陆佰元整）。

附件：1.签证单计算表。

项目经理：

施工单位：

日　期：＿＿年＿＿月＿＿日

监理单位意见	设计单位意见	业主项目部审核意见
总监理工程师： 日期：＿＿年＿＿月＿＿日	设总： 日期：＿＿年＿＿月＿＿日	专业审核意见： 项目经理： 日期：＿＿年＿＿月
建设管理单位审批意见	重大签证审批栏	
建设（技术）审核意见： 技经审核意见： 部门主管领导： 日期：＿＿年＿＿月＿＿日	建设管理单位审批意见 分管领导：（签字） 建设管理单位：（盖章） 日期：＿＿年＿＿月＿＿日	省公司级单位建设管理部门审批意见 建设（技术）审核意见： 技经审核意见： 部门分管领导： 日期：＿＿年＿＿月

图 5-29　正确图示

（4）参考依据。

《国家电网公司输变电工程结算管理办法》［国网（基建/3）114—2015］

《国家电网公司输变电工程设计变更与现场签证管理办法》［国网（基建/3）185—2015］

5.1.15　签证变更结算未执行合同，以委托形式代替签证变更

（1）案例描述。

现行合同版本中，无委托可以代替签证变更或补充合同的条款约定，部分工程中以委托代替签证变更的形式进行结算，不符合合同约定。

（2）错误问题示例见图 5-30。

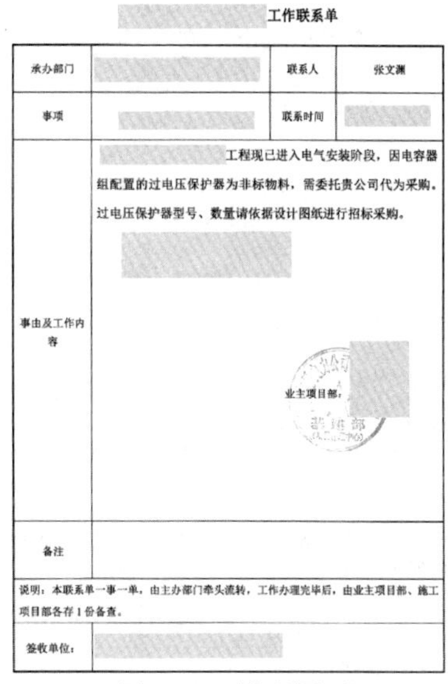

工作联系单

承办部门		联系人	张文渊
事项		联系时间	
事由及工作内容	工程现已进入电气安装阶段，因电容器组配置的过电压保护器为非标物料，需委托贵公司代为采购。过电压保护器型号、数量请依据设计图纸进行招标采购。 业主项目部：		
备注			
说明：本联系单一事一单，由主办部门牵头流转，工作办理完毕后，由业主项目部、施工项目部各存1份备查。			
签收单位：			

图 5-30　错误图示

此例以委托代替现场签证审批单，不符合合同约定。

（3）正确处理示例见图5-31。

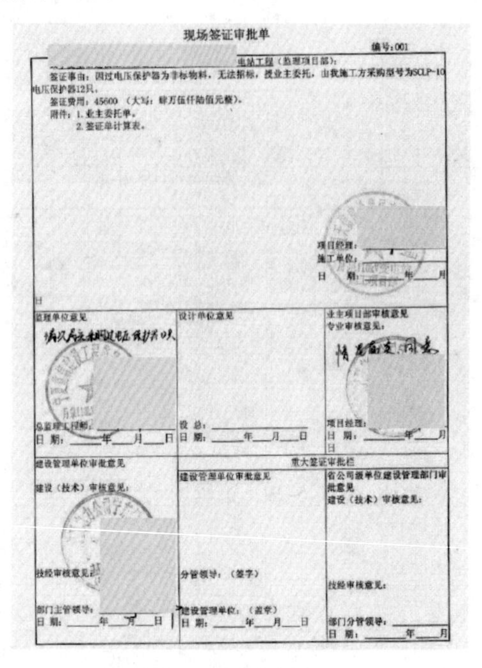

现场签证审批单

编号：001

电站工程（监理项目部）：

签证事由：因过电压保护器为非标物料，无法招标，授业主委托，由我施工方采购型号为SCLP-10电压保护器12只。

签证费用：45600（大写：肆万伍仟陆佰元整）。

附件：1. 业主委托单。

2. 签证单计算表。

项目经理：

施工单位：

日　期：　年　月　日

监理单位意见	设计单位意见	业主项目部审核意见
总监理工程师： 日　期：　年　月　日	设　总： 日　期：　年　月　日	专业审核意见： 项目经理： 日　期：　年　月　日

建设管理单位审批意见	重大签证审批栏	
	建设管理单位审批意见	省公司级单位建设管理部门审批意见
建设（技术）审核意见： 技经审核意见： 部门主管领导： 日　期：　年　月　日	分管领导：（签字） 建设管理单位：（盖章） 日　期：　年　月　日	建设（技术）审核意见： 技经审核意见： 部门分管领导： 日　期：　年　月　日

图5-31　正确图示

（4）参考依据。

《国家电网公司输变电工程结算管理办法》［国网（基建/3）114—2015］

《国家电网公司输变电工程设计变更与现场签证管理办法》［国网（基建/3）185—2015］

5.1.16　部分工程青苗补偿费用重复赔偿

（1）案例描述。

部分工程青苗补偿费用存在重复赔偿的现象，导致结算报告中结算金额不实。

（2）错误问题示例见图5-32～图5-34。

20kV线路工程

赔偿费用明细表

金额单位：元

序号	起止杆号	补偿项目	受益单位（个人）	费用金额	实际结算金额	补偿协议书编号	备注
1	G1-G16	临时用地，青苗补偿		126824.00	126824.00	01	
2	G17-G24	临时用地，青苗补偿		98650.00	98650.00	02	
3	G25-G26	林木补偿		7260.00	7260.00	03	
4	G26-G27	林木补偿		6820.00	6820.00	04	
5	G28-G35	临时用地，青苗补偿		256727.00	256727.00	05	
合计				496281.00	496281.00		

图5-32　错误图示（一）

林木补偿协议

甲方：　　　　公司

乙方：　　　　身份证号：642102197105040035

贺兰山—蒋顶220kV线路工程的建设主要为服务青铜峡北部工业、农业、市政设施发展的要求，其中包括：叶盛产业带的发展、青铜峡嘉宝工业园区的工业用电、葡萄产业带建设、小城镇建设的用电、青铜峡北部市区的用电等。线路临时占地及塔基占地根据青铜峡市【2013】62号及【2015】101号文件补偿标准给予补偿，本工程临时占地及塔基占地涉及______共计______基，杆号：G25-G26 为确保本工程的顺利实施，经甲、乙双方达成如下协议：

一、甲方支付给乙方：

（1）组塔占地杨树补偿：66棵×110元/棵=7260元整

合计金额：小写7260元，大写柒仟贰佰陆拾元整

图 5-33　错误图示（二）

林木补偿协议

甲方：　　　　公司

乙方：　　　　身份证号：

贺兰山—蒋顶220kV线路工程的建设主要为服务青铜峡北部工业、农业、市政设施发展的要求，其中包括：叶盛产业带的发展、青铜峡嘉宝工业园区的工业用电、葡萄产业带建设、小城镇建设的用电、青铜峡北部市区的用电等。线路临时占地及塔基占地根据青铜峡市【2013】62号及【2015】101号文件补偿标准给予补偿，本工程杆号：G26—G27，为确保本工程的顺利实施，经甲、乙双方达成如下协议：

一、甲方支付给乙方：

（1）杨树补偿：62 棵×110元/棵=6820元

合计金额：小写6820元，大写：陆仟捌佰贰拾元整

图 5-34　错误图示（三）

此例青苗赔偿费用中G26～G27基塔的杨树砍伐费分别进行了两次补偿，属于重复补偿，经核实，将重复计列的6820元从结算中扣除。

（3）正确处理示例见图5-35。

220kV线路工程

赔偿费用明细表

金额单位：元

序号	起止杆号	补偿项目	受益单位（个人）	费用金额	实际结算金额	补偿协议书编号	备注
1	G1-G16	临时用地，青苗补偿		126824.00	126824.00	01	
2	G17-G24	临时用地，青苗补偿		98650.00	98650.00	02	
3	G25-G26	林木补偿		7260.00	7260.00	03	
4	G26-G27	林木补偿		0.00	0.00	04	
5	G28-G35	临时用地，青苗补偿		256727.00	256727.00	05	
合计				489461.00	489461.00		

图 5-35　正确图示

（4）参考依据。

《国家电网公司输变电工程结算管理办法》[国网（基建/3）114—2015]

5.1.17　竣工结算报告中参建单位名称与签订的实际工程合同单位名称不符

（1）案例描述。

部分工程竣工结算报告中未按照实际签订合同甲乙双方单位名称计列结算费用，造成竣工结算报告与支撑合同及竣工结算书单位名称不符。

（2）错误问题示例见图5-36、图5-37。

合同明细汇总表

格编码：竣结-05(F)

序号	合同名称	合同金额及费用	变更额
一	招标部分		
1	××建设发展股份有限公司-施工合同	977.2091	
2	××区电力设计研究院-勘察设计合同	103.5954	
3	××建设监理咨询有限公司-监理合同	54.2576	

图 5-36　错误图示

输变电工程勘察设计合同

合同编号（甲方）：

合同编号（乙方）：NDS—KS(2015)　　号

工程名称：××330kV 输变电工程

委托方（甲方）：国网××电力公司

受托方（乙方）：××区电力设计院有限公司

签订日期：2015.10

签订地点：宁夏 银川

图 5-37　错误图示（二）

全口径结算报告中变电竣工工程概况表中，设计单位为××区电力设计研究院，经核实勘察设计合同，设计单位应是××区电力设计院有限公司。

（3）正确处理示例见图 5-38。

合同明细汇总表

表格编码：竣结-05(F)

序号	合同名称	合同金额及费用	变更额
一	招标部分		
1	宁夏天信建设发展股份有限公司-施工合同	977.2091	
2	宁夏回族自治区电力设计院有限公司-勘察设计合同	103.5954	
3	宁夏电力建设监理咨询有限公司-监理合同	54.2576	

图 5-38　正确图示

（4）参考依据。

《国家电网公司输变电工程结算管理办法》

5.1.18　竣工结算报告中工程概况与工程实际不符

（1）案例描述。

竣工结算报告中的工程规模应与竣工图保持一致，但部分的竣工结算报告编制时，直接将概算报告中的工程规模填写在实际结算中，造成编制规模与实际结算不符。

（2）错误问题示例见图5-39。

宁夏 ××330 kV 输变电

工程结算报告

一、工程概况

1、***330kV 新建变电站工程

高压侧 330kV 出线 2 回，中压侧 35kV 出线 10 回

建设地点：××

图5-39 错误图示

此例某330kV新建变电站工程竣工图中工程规模为：330kV出线2回，110kV出线8回，35kV不出线。全口径结算报告中，照抄概算报告，错误将中压侧35kV出线10回填入。

（3）正确处理示例见图5-40。

宁夏 ××330 kV 输变电

工程结算报告

一、工程概况

1、***330kV 新建变电站工程

240MVA 主变压器 2 台；330kV 出线 2 回（1 号、2 号主变），均至六盘山；110kV 出线 8 回，分别至榆河 1 回、隆德 1 回、泾源 1 回、高店 1 回、瓦亭 1 回、寇庄 1 回、香水 2 回；每台主变 35kV 侧安装 2 组 20Mvar 并联电容器和 1 组 30Mvar 并联电抗器。

图5-40 正确图示

（4）参考依据。

《国家电网公司输变电工程结算管理办法》［国网（基建/3）114—2015］

5.2 物资入账不及时或结算错误

5.2.1 竣工投产后，各项费用未及时入账

（1）案例描述。

部分工程竣工投产后，经过结算、审计定案的费用未按照规定时限及时入账，严重影响工程决算及转资，形成长期挂账问题。

（2）错误问题示例见图5-41。

WBS描述	金额	项目定义	过账日期	凭证编号	会计年度
变电工程 - 工程监理费	502200.00	1229NX130003	2014/10/21	5000011329	2014
变电工程 - 建设期贷款利息	111369.99	1229NX130003	2014/10/31	100165521	2014
变电工程 - 项目法人管理费 - 会议费	3220.00	1229NX130003	2014/11/18	100181087	2014
变电工程 - 项目法人管理费	72.00	1229NX130003	2014/11/30	379125	2014
变电工程 - 工程监理费	91098.11	1229NX130003	2015/12/8	5000019666	2015
变电工程 - 勘察设计费	1018110.38	1229NX130003	2016/12/29	2000003090	2016
变电工程 - 勘察费	1611367.92	1229NX130003	2017/7/28	2000001098	2017
变电工程 - 勘察费	-1611367.92	1229NX130003	2017/7/31	2000001103	2017
变电工程 - 勘察费	988425.47	1229NX130003	2017/7/31	2000001104	2017

图5-41 错误图示

此例××750kV输变电工程2015年10月13日竣工验收，勘察设计费2016年至2017年仍有入账。

（3）正确处理示例见图5-42。

WBS描述	金额	项目定义	过账日期	凭证编号	会计年度
变电工程 - 工程监理费	502200.00	1229NX130003	2014/10/21	5000011329	2014
变电工程 - 建设期贷款利息	111369.99	1229NX130003	2014/10/31	100165521	2014
变电工程 - 项目法人管理费 - 会议费	3220.00	1229NX130003	2014/11/18	100181087	2014
变电工程 - 项目法人管理费	72.00	1229NX130003	2014/11/30	379125	2014
变电工程 - 工程监理费	91098.11	1229NX130003	2015/12/8	5000019666	2015
变电工程 - 勘察设计费	1018110.38	1229NX130003	2015/12/29	2000003090	2016
变电工程 - 勘察费	1611367.92	1229NX130003	2015/12/29	2000001098	2017
变电工程 - 勘察费	-1611367.92	1229NX130003	2015/12/29	2000001103	2017
变电工程 - 勘察费	988425.47	1229NX130003	2015/12/29	2000001104	2017

图5-42 正确图示

750kV工程竣工验收投运100天后应结束报账。

（4）参考依据。

《国家电网公司工程竣工决算管理办法》

（5）特别说明。

各部门应协同配合，及时办理合同签订、结算、成本入账等工作，电源基建工程及220kV及以上电网基建工程应在工程竣工验收投运后100日内截止报账。

5.2.2 物资结算或财务入账与竣工报告物资结算数量不符

（1）案例描述。

物资结算应严格按照竣工图物资量进行结算，竣工结算报告编制物资费用结算应与竣工图保持一致，物资单位结算及财务入账未按施工图结算，应及时办理退入库手续。保证财务入账与竣工图、现场实际用量一致。

（2）错误问题示例见图 5-43、图 5-44。

物料	物料描述	业务货币值	全部数量	PUM
5E+08	光缆金具,OPGW,防振金具	19,894.00	406	付
5E+08	交流棒形悬式复合绝缘子,FXBW-110/120-3,14	110,425.46	706	支
5E+08	OPGW光缆,24芯,G.652,100/60/74,铝包钢	453,360.59	35.84	千米
5E+08	保护金具-防振锤,FRYJ-3/5	48,000.00	575	付
5E+08	110kV导线悬垂通用,1XD11-0000-07P(H)-2A铝	21,780.00	180	套
5E+08	110kV导线悬垂通用,1XD22S-0040-07P(H)-2D铝	12,000.00	50	套
5E+08	110kV导线耐张通用,1ND21Y-0040-07P(H)	55,230.00	210	套
5E+08	110kV导线耐张通用,1MD11Y-0000-07P(H)	612	6	套
5E+08	110kV导线跳线通用,1TD-00-07H(P)Z	11,316.00	92	套

图 5-43 错误图示（一）

发包人采购材料(设备)计价表

名称：110kV线路工程-结算				
序号	材料(设备)名称	型号规格	计量单位	数量
	线路			
:10701	线路 防振锤	FRYJ-3/5	件	750

图 5-44 错误图示（二）

此例附件（如导线防振锤）结算数量与竣工图数量不符合，ERP 账面数量有误。

（3）正确处理示例见图 5-45、图 5-46。

物料	物料描述	业务货币值	全部数量	PUM
5E+08	光缆金具,OPGW,防振金具	19,894.00	406	付
5E+08	交流棒形悬式复合绝缘子,FXBW-110/120-3,14	110,425.46	706	支
5E+08	OPGW光缆,24芯,G.652,100/60/74,铝包钢	453,360.59	35.84	千米
5E+08	保护金具-防振锤,FRYJ-3/5	48,000.00	575	付
5E+08	110kV导线悬垂通用,1XD11-0000-07P(H)-2A铝	21,780.00	180	套
5E+08	110kV导线悬垂通用,1XD22S-0040-07P(H)-2D铝	12,000.00	50	套
5E+08	110kV导线耐张通用,1ND21Y-0040-07P(H)	55,230.00	210	套
5E+08	110kV导线耐张通用,1MD11Y-0000-07P(H)	612	6	套
5E+08	110kV导线跳线通用,1TD-00-07H(P)Z	11,316.00	92	套

图 5-45 正确图示（一）

发包人采购材料(设备)计价表

工程名称：110kV线路工程-结算				
序号	材料(设备)名称	型号规格	计量单位	数量
-	线路			
:03210701	线路 防振锤	FRYJ-3/5	件	575

图 5-46 正确图示（二）

（4）参考依据。

《国家电网公司输变电工程结算管理办法》[国网（基建/3）114—2015]

5.3 其他费用结算未执行合同或结算不准确

5.3.1 其他费结算概算平移，未据实结算

（1）案例描述。

全口结算编制时其他费用未及时发生，影响竣工结算，部分建设管理单位无任何依据性资料，将结算报告中其他费用概算平移，未按合同及工程实际发生票据及时入账及结算。

（2）错误问题示例见图 5-47、图 5-48。

其他费用概算表

表四　　　　金额单位:元

序号	工程或费用名称	编制依据及计算说明	合价
4	生产准备费		675678
4.2	工器具及办公家具购置费	(建筑工程费+安装工程费)×1.18%	474583
4.3	生产职工培训及提前进场费	(建筑工程费+安装工程费)×0.5%	201095

金额单位：万元

	合同甲方	330千伏变电站工程
截止2017年12月30日		
四、其他费用\（四）、生产准备费\2、工器具及办公家具购置费	国网××检修公司	5.2491
四、其他费用\（四）、生产准备费\3、生产职工培训及提前进场费	国网××检修公司	

图 5-47　错误图示（一）

竣工工程结算一览表

表格编码：竣结-04(Z)

序号	单位工程项目	实际价值	
		其他费用	合计
4	生产准备费	**675678**	**675678**
4.2	工器具及办公家具购置费	474583	474583
4.3	生产职工培训及提前进场费	201095	201095

图 5-48　错误图示（二）

此例某 330kV 变电站工程生产准备费 ERP 入账金额为 52491 元，结算报告中该费用按照批准概算金额 675678 元计入，应按照实际 ERP 入账金额调整结算。

（3）正确处理示例见图 5-49。

竣工工程结算一览表

表格编码：竣结-04(Z)

序号	单位工程项目	实际价值	
		其他费用	合计
4	生产准备费	52491	52491

图 5-49 正确图示

（4）参考依据。

《国家电网公司输变电工程结算管理办法》［国网（基建/3）114—2015］

5.3.2 建设管理单位考核依据不足，无支撑资料

（1）案例描述。

建设管理单位对参建单位违约扣款或考核随意，考核条款未执行合同约定，考核依据不足，考核金扣款随意，容易引起合同纠纷。

（2）错误问题示例见图 5-50、图 5-51。

此例××110kV 输变电工程发生受托方原因造成勘察设计文件遗漏，结算时建设单位按照 0.3%进行考核，无依据。

其他费用结算明细表

工程名称：××110kV输变电工程　　金额单位：

序号	项目名称	单位	结算数	情况说明
三	项目建设技术服务费	元	2357695.18	
2	勘察设计费	元	=(1235635+37737+135586+661096+73525+41898)*0.85*0.96*0.997	按合同核定(含税)，考核扣款0.3%

图 5-50 错误图示

合同违约处罚通知书

公司：

因你单位提交的技术规范书参数错误，依据《宁夏银川福宁 110 kV 输变电工程勘察设计合同》通用条款 11.1.3 条及专用条款 11.1.3 条，由你公司按照合同价格的 0.3%支付违约金，工程违约金将从工程结算勘察设计费中扣除，特此通知。

图 5-51 设计考核处罚通知书图示

（3）正确处理示例见图 5-52。

其他费用结算明细表

程名称：××110kV输变电工程　　　　金额单位：元

序号	项目名称	单位	结算数	情况说明
2	勘察设计费	元	=(1235635+37737+135586+661096+73525+41898)*0.85*0.96*0.9	按照合同通用11.1.3及专用条款11.1.3约定发生受托方原因造成勘察设计文件遗漏按合同金额10%
3	设计评审费	元	0.00	

图 5-52　正确图示

需依据合同约定按合同金额 10%扣减勘察设计费。

（4）参考依据。

《国家电网公司输变电工程结算管理办法》［国网（基建/3）114—2015］

（5）特别说明。

各项合同考核金应按照合同执行，不可随意更改。

5.3.3 竣工结算报告其他费用未按合同计列

（1）案例描述。

竣工结算报告中其他费用应严格按照建设单位提供的合同或结算资料进行结算，但部分工程结算未按实际合同结算进行，导致其他费用计列不实。

（2）错误问题示例见图 5-53、图 5-54。

A	B	C	F
0	合同甲方	合同乙方	原州330千伏变电站工程
截止2017年12月30日			
四、其他费用\（四）、生产准备费\2、工器具及办公家具购置费	国网宁夏检修公司		5.2491
四、其他费用\（四）、生产准备费\3、生产职工培训及提前进场费	国网宁夏检修公司		

图 5-53　错误图示（一）

竣工工程结算一览表

表格编码：竣结-04(Z)

序号	单位工程项目	概算价值		实际价值	
		其他费用	合计	其他费用	合计
	1	6	7=2+3+5+6	12	13=8+9+11+12
	生产准备费	146972	146972	87544	87544
.1	工器具及办公家具购置费	111000	111000	87544	87544
.2	生产职工培训及提前进场费	35972	35972		

结算金额与依据不符

图 5-54　错误图示（二）

（3）正确处理示例见图 5-55。

竣工工程结算一览表

表格编码：竣结-04(Z)

序号	单位工程项目	概算价值		实际价值	
		其他费用	合计	其他费用	合计
	1	6	7=2+3+5+6	12	13=8+9+11+12
1	生产准备费	146972	146972	52491	52491
1.1	工器具及办公家具购置费	111000	111000	52491	52491
1.2	生产职工培训及提前进场费	35972	35972		

图 5-55　正确图示

（4）参考依据。

《国家电网公司输变电工程结算管理办法》[国网（基建/3）114—2015]

5.3.4　竣工结算报告其他费用未按预规及概算项目划分对应计列

（1）案例描述。

竣工结算报告其他费用归集应严格按照预规和工程概算进行归集。部分单位结算时，其他费项目辨识不清，将本应计列在工程前期费的项目错误计列在工程建设检测费中，容易造成审计审增审减项。此类费用错误计列主要发生在建设场地征用及清理费、前期工作费及工程建设检测费用中。

（2）错误问题示例见图 5-56。

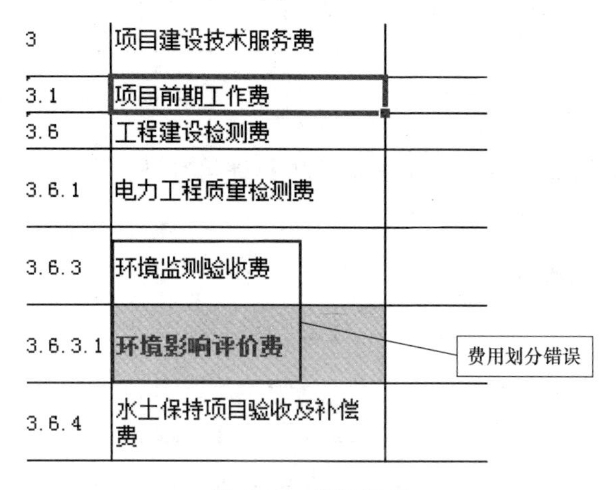

3	项目建设技术服务费	
3.1	项目前期工作费	
3.6	工程建设检测费	
3.6.1	电力工程质量检测费	
3.6.3	环境监测验收费	
3.6.3.1	环境影响评价费	
3.6.4	水土保持项目验收及补偿费	

图 5-56　错误图示

环境影响评价费应计入前期工作费中，不应计入环境监测验收费。

（3）正确处理示例见图 5-57。

3	项目建设技术服务费	
3.1	项目前期工作费	
3.1.1	环境影响评价费	
3.6	工程建设检测费	
3.6.1	电力工程质量检测费	
3.6.3	环境监测验收费	

图 5-57　正确图示

（4）参考依据。

《国家电网公司输变电工程结算管理办法》［国网（基建/3）114—2015］

5.3.5　全口径竣工结算报告其他费用漏结算

（1）案例描述。

竣工结算报告合同明细中明确包含合同的费用项目，但其费用未计入全口径结算中其他费结算，造成其他费用结算不实，工程总结算缺失，给后续审计留下审增项隐患。

（2）错误问题示例见图 5-58、图 5-59。

竣工工程结算一览表

表格编码：竣结-04(Z)　　单位：元

序号	单位工程项目	实际价值	
		其他费用	合计
	1	8	9=6+8
3.1	项目前期工作费	1124332	1124332
3.1.1	可行性研究费	645532	645532
3.1.2	竣工环境保护验收	285280	285280
3.1.3	水土保持方案研究	179520	179520
3.1.4	节能服务	14000	14000

图 5-58　错误图示（一）

合同明细汇总表

表格编码：竣结-05(F)　　单位：元

序号	合同名称	合同金额及费用
1	可行性研究费	645532
2	林地可行性研究报告服务费	250000
3	竣工环境保护验收	285280
4	水土保持方案研究	179520
5	节能服务	14000
	小计	1374332

图 5-59　错误图示（二）

此例中全口径结算报告中合同明细汇总中林评可行评估合同金额 25 万元，而竣工结算一览表中前期工作费未见相关费用。

（3）正确处理示例见图 5-60。

竣工工程结算一览表

表格编码：竣结-04(Z)

序号	单位工程项目	概算价值		实际价值	
		其他费用	合计	其他费用	合计
	1	6	7=2+3+5+6	12	13=8+9+11+12
3.1	项目前期工作费	2330000	2330000	1960900	1960900

图 5-60　正确图示

项目前期费＝1710900＋250000＝1960900（元）

（4）参考依据。

《国家电网公司输变电工程结算管理办法》[国网（基建/3）114—2015]

5.3.6 竣工结算报告其他费用结算时，未按合同进行分摊，引起单项超概

（1）案例描述。

工程结算时其他费结算应与概算对应，同一个输变电工程中一类费用合同在各子项工程竣工结算报告重复计列，且超过合同总额。另外合同未约定时结算应按照概算比例在各子项工程对该费用进行分摊，但结算未执行合同约定。此类问题主要出现在环保验收费、林评、环境影响评价费等方面。

（2）错误问题示例见图5-61、图5-62。

产生价格的 96%，最终订立价格为人民币（大写）肆拾伍万伍仟玖佰贰拾元整(￥455920.00元)（含税）。具体价格构成见《分项价格表》（附件二）。除本合同另有约定或国家有关

图5-61 错误图示（一）

其他费用结算一览表

表格编码：竣结-04

序号	单位工程项目	结算金额	结算较概算增
3.1	项目前期工作费	109450.0000	
3.1.1	可行性研究费	40000.0000	
3.1.2	使用林地可行性研究编制与评审费	36450.0000	

其他费用结算一览表

表格编码：竣结-04

序号	单位工程项目	结算金额	结算较概算增减
4.1	项目前期工作费	444920.0000	
4.1.1	可行性研究费用	275920.0000	
4.1.2	使用林地可行性研究编制与评审费用	40500.0000	
4.1.3	环境监测验收费	73000.0000	

其他费用结算一览

表格编码：竣结-04

序号	单位工程项目	结算金额	结算较概算增减
3.1	项目前期工作费	140000.0000	
4.1.1	可行性研究费用	180000.0000	

图5-62 错误图示（二）

此例输变电工程包括一个新建变电站工程和两个线路工程，可行性研究费用委托合同金额（455920元）与三个分项工程可行性研究费用结算总和（495920元）金额不符，

其中两条线路可行性研究费用重复计列。

（3）正确处理示例见图 5-63。

其他费用结算一

表格编码：竣结-04

序号	单位工程项目	结算金额
4.1	项目前期工作费	444920.0000
4.1.1	可行性研究费用	275920.0000

其他费用结算一览表

工程名称：竣结-04

序号	单位工程项目	结算金额
3.1	项目前期工作费	140000.00
4.1.1	可行性研究费	140000.00

其他费用结算一

表格编码：竣结-04

序号	单位工程项目	结算金额
3.1	项目前期工作费	109450.0000
3.1.1	可行性研究费	40000.0000

图 5-63　正确图示

结算按照概算中各分项工程该费用占比进行分摊。

（4）参考依据。

《国家电网公司输变电工程结算管理办法》［国网（基建/3）114—2015］

5.3.7　勘察设计费未按照单项拆分，造成单项费用加总后与总费用不匹配

（1）案例描述。

输变电工程中，勘察设计费未按照变电、线路工程合理进行拆分，造成结算该项费用时，各项合计与总计不匹配。

（2）错误问题示例见图 5-64、图 5-65。

输变电工程

其他费用概算表

表四　　金额单位：元

序号	工程或费用名称	编制依据及计算说明	合价
3.3	勘察设计费		1154373
3.3.1	勘察费	(勘察费)	271563
3.3.2	设计费	(设计费)	882810
3.4	设计文件评审费		144704

图 5-64　错误图示（一）

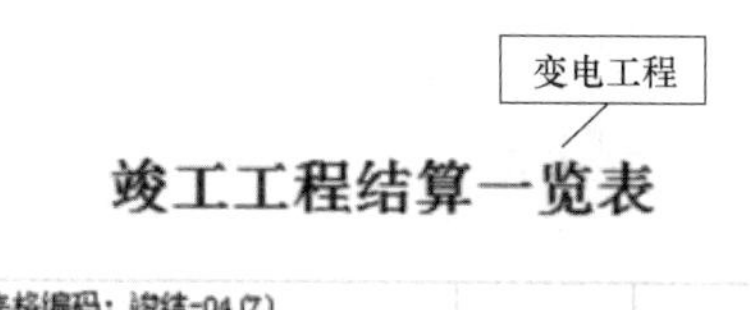

变电工程

竣工工程结算一览表

表格编码：竣结-04(Z)

序号	单位工程项目	实际价值	
		其他费用	合计
	1	12	13=8+9+11+12
3.3.2	设计费	672809	672809

线路工程

竣工工程结算一览表

表格编码：竣结-04(Z)

序号	单位工程项目	实际价
		其他费用
	1	12
.3	勘察设计费	258988.5
.3.1	勘察费	61891.25
.3.2	设计费	21282

图 5-65　错误图示（二）

（3）正确处理示例见图 5-66、图 5-67。

其他费用概算表　输变电工程

表四　金额单位:元

序号	工程或费用名称	编制依据及计算说明	合价
3.3	勘察设计费		1154373
3.3.1	勘察费	（勘察费）	271563
3.3.2	设计费	（设计费）	882810
3.4	设计文件评审费		144704

图 5-66　正确图示（一）

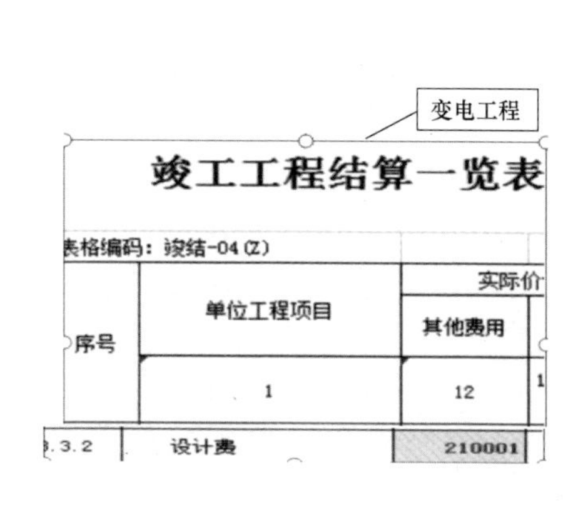

变电工程

竣工工程结算一览表

表格编码：竣结-04(Z)

序号	单位工程项目	实际价
		其他费用
	1	12
3.3.2	设计费	210001

线路工程

竣工工程结算一览表

表格编码：竣结-04(Z)

序号	单位工程项目	实际价值	
		其他费用	合计
	1	12	13=8+9+11+12
3.3	勘察设计费	1035954	1035954
3.3.1	勘察费	247565	247565
3.3.2	设计费	672809	672809

图 5-67　正确图示（二）

（4）参考依据。

《国家电网公司输变电工程结算管理办法》［国网（基建/3）114—2017］

5.3.8　工程招标费未合理进行分摊

（1）案例描述。

部分工程招标费未按照各单项工程合理进行分摊，总体放在投资较大的单项工程中，未对投资较小的单项工程进行分摊。

（2）错误问题示例见图 5-68、图 5-69。

竣工工程结算一览表

表格编码：竣结-04(Z)					
序号	单位工程项目	概算价值		实际价值	
		其他费用	合计	其他费用	合计
	1	4	5=2+4	8	9=6+8
2.2	招标费	4280	4280	4463	4463

图 5-68　错误图示（一）

光缆工程：

竣工工程结算一览表

表格编码：竣结-04(Z)					
序号	单位工程项目	概算价值		实际价值	
		其他费用	合计	其他费用	合计
	1	4	5=2+4	8	9=6+8
2.2	招标费	183	183	0	0

图 5-69　错误图示（二）

此例输变电工程的线路工程本体与通信部分的招标费全部放在线路工程中，未进行合理分摊。

（3）正确处理示例。

线路工程调整后见图 5-70。

竣工工程结算一览表

表格编码：竣结-04(Z)					
序号	单位工程项目	概算价值		实际价值	
		其他费用	合计	其他费用	合计
	1	4	5=2+4	8	9=6+8
2.2	招标费	4280	4280	4280	4280

图 5-70　正确图示（一）

光缆工程调整后见图 5-71。

竣工工程结算一览表

表格编码：竣结-04(Z)					
序号	单位工程项目	概算价值		实际价值	
		其他费用	合计	其他费用	合计
	1	4	5=2+4	8	9=6+8
2.2	招标费	183	183	183	183

图 5-71　正确图示（二）

（4）参考依据。

《国家电网公司输变电工程结算管理办法》[国网（基建/3）114—2019]

5.3.9 施工临时租地及赔偿与建场费赔付重复结算

（1）案例描述。

其他费用中有费用重复计列，导致结算金额不正确，如建设场地征用及清理补偿费用中重复性计列施工场地租用费。

（2）错误问题示例见图5-72。

其他项目清单计价表

程名称：**		
序号	项目名称	金额
3	施工临时租地及赔偿	20000
5	建设场地征用及清理费	865370
5.1	土地占用费	815370
5.2	施工场地租用费	50000

图5-72 错误图示（一）

此例中5.2施工场地租用费5万元中包含了施工临时租地及赔偿费用2万元，应扣除重叠计列。

（3）正确处理示例见图5-73。

其他项目清单计价表

程名称：**		
序号	项目名称	金额
.3	施工临时租地及赔偿	20000
.5	建设场地征用及清理费	845370
.5.1	土地占用费	815370
.5.2	施工场地租用费	30000

图5-73 正确图示

（4）参考依据。

《国家电网公司输变电工程结算管理办法》[国网（基建/3）114—2015]

5.3.10 其他费用中费用项目内容与金额不对应

（1）案例描述。

竣工结算报告中其他费用中项目费用错误计列，误以依据付款单位计列费用，未按照项目内容计列，与概算不对应。

（2）错误问题示例见图 5-74、图 5-75。

三、合同价格

本合同价格（监造费）以专用合同条款第 7 条（监造费费率以中标通知书为准。即按全站设备购置费×《电网工程建设预算编制与计算标准》的费率×97%计算）。

第 4 条　合同价格

合同价格为人民币（大写）壹佰贰拾肆万伍仟叁佰元整（¥ 1245300元整）。具体价格构详见《监理费用》（附件二）

图 5-74　错误图示（一）

其他费用结算一览表

表格编码：竣结-04

序号	单位工程项目	实际价值		
		设备购置费	其他费用	合计
十一	其他费用		4204524	4204524
1	建设场地征用及清理费		1753148	1753148
2	项目建设管理费		2023318	2023318
2.1	项目法人管理费		131957	131957
2.2	招标费		316247	316247
2.3	工程监理费		1539000	1539000
2.4	工程结算审核费		36114	36114

图 5-75　错误图示（二）

此例监理合同为 124.53 万元，设备监造合同为 29.37 万元，均为监理单位费用，但在结算书其他费用中应分开计列为工程监理费、设备监造费。

（3）正确处理示例见图 5-76。

其他费用结算一览表

表格编码：竣结-04

序号	单位工程项目	实际价值		
		设备购置费	其他费用	合计
十一	其他费用		4204524	4204524
1	建设场地征用及清理费		1753148	1753148
2	项目建设管理费		2023318	2023318
2.1	项目法人管理费		131957	131957
2.2	招标费		316247	316247
2.3	工程监理费		1245300	1245300
2.4	设备监造费		293700	293700
2.5	工程结算审核费		36114	36114

图 5-76　正确图示

（4）参考依据。

《国家电网公司输变电工程结算管理办法》[国网（基建/3）114—2015]

第6章 输变电工程全过程造价管理常见问题180例

结算审核审计常见问题

结算审核工作指经研院依据国家电网公司和省公司结算管理工作的相关要求，负责对各建设管理单位编制完成的基建工程竣工结算、过程结算进行审核、检查、整改验收等工作的总称。电网工程审计是指审计机构依据国家的法令和财务制度、公司管理标准和规章制度，对电网工程的实施过程，用科学的方法和程序审核检查，判断其是否合法、合理和有效，以及发现错误、纠正弊端、改善管理，保证电网工程建设目标顺利实现的活动。结算审核和审计是对电网工程造价的全面的检查和纠偏，通过结算审核及审计阶段发现的问题反推工程前期造价管理中存在的不足，是实现“事后整改”向“事先预防”的有效途径，本章归纳了结算工作和审计工作两方面典型案例。

6.1 结算审核常见案例

6.1.1 全口径竣工结算报告中的表格数据填写不完整

（1）案例描述。

部分工程的全口径竣工结算报告中的主要材料汇总表、造价分析数据表、工程量清单明细表等表格为空或者填写不全，直接影响结算审核、审计的效率，同时不符合国家电网公司结算通用格式要求。

（2）错误问题示例见图6-1。

主要材料汇总表

表格编码：竣结-08(F)　　　　单位：元

序号	材料名称	单位	材料来源	概算量	概算费用合计	结算采购量	结算费用合计	差额(结算-概算)	备注
	合计								

竣工工程结算一览表 | 合同明细汇总表 | 合同价款调整明细表 | 设备购置费用明细表 | 主要材料汇总表 | 预估费用说明表 | 工程量清单计价明细表 | 变电工程造价分析数据表

图6-1　错误图示

在导出全口径竣工结算表格时，主要材料汇总表为空。

（3）正确处理示例见图 6-2。

主要材料汇总表

表格编码：竣结-08(F)　　单位：元

序号	材料名称	单位	材料来源	概算量	概算费用合计	结算采购量	结算费用合计	差额(结算-概算)	备注
	地方材								
1	砂	吨							
2	碎石	吨							
3	水泥	吨							
4	钢材	吨							
	主要材料								
	Φ**铝（钢）管母线	km							
	LGJ -导线截面/钢芯截面	t							
	支持绝缘子	片							
	耐张绝缘子片	片							
	电力电缆	km	甲供材料	5.92	311174.80	5.39	242196.53	-68978.27	
	电力电缆	km	施工方采购	0.61	31038.31	0.64	42717.60	11679.29	
	控制电缆	km	甲供材料	5.50	90491.50	11.34	106083.43	15591.93	

竣工工程结算一览表　合同明细汇总表　合同价款调整明细表　设备购置费用明细表　主要材料汇总表　预估费用说明表

图 6-2　正确图示

依据《国家电网公司输变电工程结算管理办法》第二十条第二款“工程结算编制应全面应用国网基建部发布的《国家电网公司输变电工程结算通用格式》和工程结算编制软件，统一规范工程量管理文件和工程结算报告，提高工程结算工作质量和效率。”

（4）参考依据。

《国家电网公司输变电工程结算管理办法》[国网（基建/3）114—2015]

《国家电网公司输变电工程结算通用格式》

（5）特别说明。

目前结算格式执行《国家电网公司输变电工程结算通用格式》2018 版（基建技经〔2018〕32 号）。

6.1.2　施工土地占用费重复结算

（1）案例描述。

技经人员不掌握土地占用费和施工场地租用费的各项内容，施工单位在投标时施工场地租用费以项报价，结算时又单独结算施工土地占用费，增加工程投资，存在审计风险。

（2）错误问题示例见图 6-3、图 6-4。

投标文件：

其他项目清单计价表

工程名称：××35kV变电站　　金额单位：元

序号	项目名称	金额	备注
5.4	建设场地征用及清理费	40000	
5.4.1	土地占用费		
5.4.2	施工场地租用费	40000	
5.4.3	迁移补偿费		

图 6-3　错误图示（一）

施工结算：

5.4	人工、材料、机械台班价格调整计价	270494	
5.5	建设场地征用及清理费	50000	
5.5.1	土地占用费	10000	
5.5.2	施工场地租用费	40000	
5.5.3	迁移补偿费		

图 6-4　错误图示（二）

此例土地占用费已经包含在投标报价施工场地租用费用 40000 元中，应取消土地占用费用结算。

（3）正确处理示例见图 6-5。

其他项目清单计价表

工程名称：××35kV变电站-结算一审核工程　　金额单位：元

序号	项目名称	金额	备注
5.4	人工、材料、机械台班价格调整计价	270494	
5.5	建设场地征用及清理费	50000	
5.5.1	土地占用费	0	
5.5.2	施工场地租用费	40000	
5.5.3	迁移补偿费		
5.5.3.1	房屋拆迁补偿费		
5.5.4	余物清理费		
5.5.5	输电线路走廊赔偿费		
5.5.6	通信设施防输电线路干扰措施费		
小计		346051	

图 6-5　正确图示

（4）参考依据。

《国家电网公司输变电工程结算管理办法》［国网（基建/3）114—2015］

6.1.3　未按照合同约定内容调整材料价差

（1）案例描述。

部分工程将水、土等消耗性材料调整了价格，但是根据施工合同约定仅调整砂、水泥、石子等材料；部分工程为固定单价合同，施工结算时对砂、水泥、石子等调整了价差。不按照合同约定调整价差，影响工程结算准确性。

（2）错误问题示例见图 6-6。

人工、材料、机械台班价格调整计价表

工程名称：××35kV变电站-结算一审核工程　　金额单位：元

序号	材料名称	单位	数量	基准价	结算单价	风险范围	价差	合价	备注
一	材料								
	乙供消材					5%			
C21010101	水	t	80.488	2	6	0.1	3.9	314	
C10020103	碎石 40	m³	1257.856	60.6	115	3.03	51.37	64616	
C10070101	标准砖240×115×53	千块	47.743	290	500	14.5	195.5	9334	
C10020301	毛石70~190	m³	242.352	62.3	90	3.12	24.585	5958	
C10060101	土综合	m³	300.564	1	13	0.05	11.95	3592	
C10010101	中砂	m³	9.306	56.5	95	2.83	35.675	332	
C21010101	水	t	4.624	2	6	0.1	3.9	18	
C10020103	碎石 40	m³	8.661	60.6	115	3.03	51.37	445	

图 6-6　错误图示

此例中将水、土等消耗性材料调整了价格，应严格按照施工合同约定的项目，调整人工、材料、机械台班价格。

（3）正确处理示例见图 6-7。

人工、材料、机械台班价格调整计价表

工程名称：××35kV变电站-结算一审核工程　　　　金额单位：元

序号	材料名称	单位	数量	基准价	结算单价	风险范围	价差	合价	备注
一	材料								
	乙供消材					5%			
C10010101	中砂	m³	464.209	56.5	95	2.83	35.675	16561	
C10020103	碎石 40	m³	1257.856	60.6	115	3.03	51.37	64616	
C10070101	标准砖240×115×53	千块	47.743	290	500	14.5	195.5	9334	
C10020301	毛石70~190	m³	242.352	62.3	90	3.12	24.585	5958	
C10010101	中砂	m³	9.306	56.5	95	2.83	35.675	332	
C10020103	碎石 40	m³	8.661	60.6	115	3.03	51.37	445	
小计								97246	
合计								97246	

图 6-7　正确图示

（4）参考依据。

《国网公司输变电工程施工合同》

（5）特别说明。

目前结算格式执行《国家电网公司输变电工程结算通用格式》2018 版（基建技经〔2018〕32 号）。

6.1.4　同一工作内容，重复结算给两家施工单位

（1）案例描述。

部分工程由于变电站中通信及远动系统存在不同的建设管理单位，其施工费用在变电工程施工后，结算时又将其列入变电站光通信设备工程的结算中，出现通信及远动系统的施工费重复结算，直接影响工程结算的准确性，导致工程审计审减率较高。

（2）错误问题示例见图 6-8、图 6-9。

合同明细汇总表

表格编码：竣结-05(甲)　　　　单位：万元

序号	合同名称	合同金额及费用	变更额	合计	备注
一	招标部分				
1	宁夏送变电工程公司-施工费	4547.9086		4547.9086	已包含通信及运动系统施工费
2	宁夏龙源电力有限公司-施工费	334.0576		334.0576	
3	宁夏回族自治区电力设计研究院-设计费	466.7688		466.7688	
4	宁夏回族自治区电力设计研究院-可行性研究委托合同	144		144	
5	宁夏电力建设监理咨询有限公司-监理费	190.96		190.96	
6	宁夏电力建设监理咨询有限公司-监造费	28.3176		28.3176	

图 6-8　错误图示（一）

通信及远动系统的施工费用在变电工程竣工结算中已经包含。

合同明细汇总表

表格编码：竣结-05(F)　　单位：万元

序号	合同名称	合同金额及费用	变更额	合计	备注
一	招标部分				
1	宁夏送变电工程公司-施工费	22.2356		22.2356	
2	宁夏信通网络科技有限公司-施工费	18.5223		18.5223	
3	宁夏回族自治区电力设计研究院-设计费	13.9537		13.9537	
4	国网信通亿力科技有限责任公司-PCM设备、SDH设备等	134.7915		134.7915	

图 6-9　错误图示（二）

在变电工程结算后，通信及远动系统施工费用在光通信设备竣工结算中重复结算。应将通信及远动系统的施工费用在光通信设备工程结算中删除。

（3）正确处理示例见图 6-10。

合同明细汇总表

表格编码：竣结-05(F)　　单位：万元

序号	合同名称	合同金额及费用	变更额	合计	备注
一	招标部分				
1	宁夏信通网络科技有限公司-施工费	18.5223		18.5223	
2	宁夏回族自治区电力设计研究院-设计费	13.9537		13.9537	
3	国网信通亿力科技有限责任公司-PCM设备、SDH设备等	134.7915		134.7915	
4	南瑞集团有限公司-路由器、光模块等	6.699		6.699	
5	国电南瑞科技股份有限公司-网络交换机、加密认证装置	26.0865		26.0865	
6	珠海泰坦科技股份有限公司-直流-48V通信电源成套设备，160A，300Ah	14.622		14.622	
7	武汉国电武仪电气股份有限公司-智能变电站时间同步系统，AC330，220，110kV	7.5		7.5	
8	保定钰鑫电气科技有限公司-端子箱	1.949		1.949	
9	审核单位-审核费	0.131		0.131	
二	未招标部分				
三	费用(未签订合同小计)				管理费、生产准备费、前期费、其他费用……等。
	合计	246.4906		246.4906	

变电竣工工程概况表 | 工程主要技术经济指标表 | 变电工程竣工结算汇总表 | 竣工工程结算一览表 | 合同明细汇总表 | 合同价…

图 6-10　正确图示

（4）参考依据。

《国家电网公司输变电工程结算管理办法》

《电力建设工程预算编制标准与计算标准》2013 版

6.1.5　竣工结算不同型号电缆物资结算时归集错误

（1）案例描述。

编制竣工结算时未仔细核对各类材料的型号，将低压电力电缆工程量并入电缆工程量中结算，导致工程投资增大，造成存在审计风险。

（2）错误问题示例见图 6-11。

主要设备材料汇总表

表格编码：竣结-05　　　　单位：元

序号	设备材料名称	单位	结算量	单价	结算金额	备注
3.2	电容器				495427.6326	
	电力电缆, AC35kV, YJV, 300, 1, 无铠装, ZC, 无阻水	km	3.2600	141980.0100	462854.8326	
	35kV电缆终端, 1×300, 户外终端, 冷缩, 铜	套	24.0000	725.4000	17409.6000	
	35kV电缆终端, 1×300, 户内终端, 冷缩, 铜	套	24.0000	631.8000	15163.2000	
4	控制及直流系统					

图 6-11　错误图示

结算编制人员录入时将单芯 300 型电缆 1.26km 与 2km 低压电力电缆混淆，将其合并录入至单芯 300 型电缆处，导致单芯 300 型电缆多结算。应将单芯 300 型电缆与 2km 低压电力电缆分开结算。

（3）正确处理示例见图 6-12。

主要设备材料汇总表

表格编码：竣结-05　　　　单位：元

序号	设备材料名称	单位	结算量	单价	结算金额	备注
3	无功补偿				211467.6126	
3.2	电容器				211467.6126	
	电力电缆, AC35kV, YJV, 300, 1, 无铠装, ZC, 无阻水	km	1.2600	141980.0100	178894.8126	
	35kV电缆终端, 1×300, 户外终端, 冷缩, 铜	套	24.0000	725.4000	17409.6000	
	35kV电缆终端, 1×300, 户内终端, 冷缩, 铜	套	24.0000	631.8000	15163.2000	
6.1.1	电力电缆				496970.0721	
	低压电力电缆, VV, 铜, 10, 2芯, ZB, 22, 普通	km	2.0000	11753.7000	23507.4000	
	低压电力电缆, VV, 铜, 16/10, 3+1芯, ZC, 22, 普通	km	1.5470	29347.5900	45400.7217	
	低压电力电缆, VV, 铜, 35/16, 3+1芯, ZC, 22, 普通	km	0.8530	59661.0900	50890.9098	
	低压电力电缆, VV, 铜, 70/35, 3+1芯, ZC, 22, 普通	km	0.1630	117827.1800	19205.8303	

图 6-12　正确图示

（4）参考依据。

《国家电网公司输变电工程结算管理办法》

《国家电网公司物资计划管理办法》

6.1.6　甲供材料转为乙供未按合同约定办理手续

（1）案例描述。

电力电缆、绝缘子、间隔棒、设备线夹等由甲方供应的材料，实际实施过程中转为乙方供应，在营业税的情况下无形中增加了工程成本，材料的品质也难以保证。

（2）错误问题示例见图 6-13。

安装工程量清单综合单价人、材、机组成表

工程名称：**110kV变电站-结算一审核工程　　　　金额单位：元

序号	项目编码（编制依据）	项目名称	计量单位	工程量（数量）	单价 人工费	单价 材料费 承包人采购	单价 材料费 发包人采购	单价 材料费 其中：暂估价	单价 机械费	合价 人工费	合价 材料费 承包人采购	合价 材料费 发包人采购	合价 材料费 其中：暂估价	合价 机械费
30	BA33C5G110C1	1kV以上电力电缆	m	170										
	YD8-42	20kV以下电缆敷设 截面 120mm²	100m	1.7	277.48	87.74			11.69	472	[illegible]			20
		10kV铜电力电缆	m	170		260					45730			
	综合单价人、材、机				2?77	269.88			0.12	472	45879			20

图 6-13　错误图示

该例中 10kV 铜电力电缆列为承包人采购（乙）。依据《国家电网公司物资计划管理办法》第四条，物资计划管理遵循“统一、集中、全面、刚性”的原则，执行统一标准，统一申报平台，强化集中采购目录和批次计划管理，覆盖所有采购需求。建议加强物资计划管理，杜绝甲供转乙供事项发生，如发生甲转乙材料或设备应按合同约定办理签证或补充协议。

（3）正确处理示例见图 6-14。

安装工程量清单综合单价人、材、机组成表

工程名称：**110kV变电站-结算一审核工程　　　　金额单位：元

序号	项目编码（编制依据）	项目名称	计量单位	工程量（数量）	单价					合价				
					人工费	材料费			机械费	人工费	材料费			机械费
						承包人采购	发包人采购	其中：暂估价			承包人采购	发包人采购	其中：暂估价	
		10kV冷缩管	支	8		39					312			
	综合单价人、材、机				95.03	688.07				380	2752			
	BA3305G11001	1kV以上电力电缆	m	170										
30	YD8-42	20kV以下电缆敷设 截面 120mm²	100m	1.7	277.48	87.74			11.69	472	149			20
	综合单价人、材、机				2.77	269.88			0.12	472	45879			20

图 6-14　正确图示

（4）参考依据。

《国家电网公司物资计划管理方法》

《国家电网公司输变电工程结算管理办法》

6.1.7　竣工结算甲供、乙供部分设备材料重复结算

（1）案例描述。

部分设备材料甲方物资及财务入账均已发生并结算，但施工单位结算中仍然重复结算，主要涉及工程的绝缘子串、避雷器、带形母线、端子箱、电缆等，导致工程投资增加。

（2）错误问题示例见图 6-15。

安装工程量清单综合单价人、材、机组成表

工程名称：**110kV变电站-结算一审核工程　　　　金额单位：元

序号	项目编码（编制依据）	项目名称	计量单位	工程量（数量）	单价					合价				
					人工费	材料费			机械费	人工费	材料费			机械费
						承包人采购	发包人采购	其中：暂估价			承包人采购	发包人采购	其中：暂估价	
	综合单价人、材、机				250.66	5078.17			66.78	251	5078			67
	000003	避雷器	组	1		297.0279					297.0279			
126	YD3-191	避雷器安装 氧化锌式 20kV以下	组	1	94.91	57.69			179.9	95	58			180

主要设备材料汇总表

表格编码：竣结-05　　　　单位：元

序号	设备材料名称	单位	结算量	单价	结算金额	备注
2	站外电源				297.0279	
	交流避雷器，AC10kV，17kV，硅橡胶，45kV，不带间隙	只	3.0000	99.0093	297.0279	

图 6-15　错误图示

该例中甲供避雷器 297.0279 元已结算，竣工结算时重复计入。避雷器属于甲供物资，设备费应计入甲供设备费中，施工结算中应只计列避雷器安装费用。

（3）正确处理示例见图 6-16。

安装工程量清单综合单价人、材、机组成表

工程名称：**110kV变电站-结算一审核工程　　金额单位：元

序号	项目编码（编制依据）	项目名称	计量单位	工程量（数量）	单价					合价				
					人工费	材料费			机械费	人工费	材料费			机械费
						承包人采购	发包人采购	其中：暂估价			承包人采购	发包人采购	其中：暂估价	
	综合单价人、材、机				250.66	5078.17			66.78	251	5073			67
	YJ3-191	避雷器安装 氧化锌式 20kV以下	组	1	94.91	57.69			179.9	95	53			180
	综合单价人、材、机				94.91	57.69			179.9	95	53			180

主要设备材料汇总表

表格编码：竣结-05　　单位：元

序号	设备材料名称	单位	结算量	单价	结算金额	备注
2	站外电源				297.0279	
	交流避雷器，AC10kV，17kV，硅橡胶，45kV，不带间隙	只	3.0000	99.0093	297.0279	

图 6-16　正确图示

（4）参考依据。

《国家电网公司输变电工程结算管理办法》

《国家电网公司输变电工程工程量清单计价规范》（Q/GDW 11337—2014）

6.1.8　结算工程量与竣工图工程量不符

（1）案例描述。

结算审核中发现，混凝土工程量、接地铜排工程量、PRTV 涂料工程量、避雷器工程量等项目竣工结算报告中的量与竣工图工程量不符，存在少结、超额结算的问题，导致竣工结算不准确。

（2）错误问题示例见图 6-17、图 6-18。

51	管塞	与φ50钢管配套	套	2	
52	PRTV涂料		kg	240	
53	防腐导电涂料		kg	30	

说明：1、材料表中设备线夹、T型线夹每种类型数量增加2套当做试验线夹。

××电力设计有限公司				李俊220kV变电站白鹤牵引站220kV间隔扩建工程 工程	竣工图	设计阶段
批　准		设　计		设备材料汇总表		
审　核		制　图				
		比　例	1:50			

图 6-17　错误图示（一）

			×(XWP-120)								
	(补)BA2205B00001	涂料	1. 名称:PRTV涂料	kg	150.000	146.30	9.18	121.20			
6	(费)BA2205C15003	引下线、跳线及设备连引线（参	1. 单导线型号规格:2×(JL/GIA-400/35)	组/三相	3.000	2539.77					

图 6-18　错误图示（二）

此例竣工结算报告中 PRTV 涂料的工程量是 150kg，根据竣工图核算后 PRTV 涂料的工程量应为 240kg，结算应按照 240kg 结算。

（3）正确处理示例见图 6-19。

安装分部分项工程量清单计价表

工程名称：***220kV间隔扩建工程

序号	项目编码	项目名称	项目特征	计量单位	工程量	单价					
						综合单价	其中				
							人工费	材料费			机械费
								承包人采购	发包人采购	其中：暂估价	
4	BA2205C11001	悬垂绝缘子	1. 电压等级:220kV, 含挂线金具 2. 型号规格:16×(XWP-120)	串	3.000	15966.63	109.45	14615.78			103.98
	(补)BA2205B00001	涂料	1. 名称:PRTV涂料	kg	240.000	146.30	9.18	121.20			
6	(费)BA2205C15003	引下线、跳线及设备连引线（参BA2205C15001）	1. 单导线型号规格:2×(JL/GIA-400/35) 2. 导线分裂数:双分裂	组/三相	3.000	2539.77					

图 6-19　正确图示

（4）参考依据。

《国家电网公司基建技经管理规定》

6.1.9　将不属于本工程的物资纳入结算

（1）案例描述。

部分工程存在金具串型代用、供货厂家互换材料供应、各标段物资调拨等问题，造成物资结算工程量与竣工图量和工程实际不符，将不属于本工程的物资纳入结算，导致结算工程量与竣工图不符。

（2）错误问题示例见图 6-20。

项目编号：

项目名称：

序号	物料编号	物料描述或短文本	单位	采购订单数量	到货数量	结
		控制电缆,KVVP2,2.5,4,ZR,22	m	350	350	5.
		控制电缆,KVVP2,2.5,14,ZR,22	m	450	450	
		控制电缆,KVVP2,2.5,7,ZR,22	m	570	570	8.
		10kV电缆终端,3×185,户外终端,冷缩,铜	套	2	2	
		10kV电缆终端,3×185,户内终端,冷缩,铜	套	2	2	
		SDH设备,622Mbit/s,64×64VC4,无,无,6,8,63,无	套	1	1	
		PCM设备,单方向	套	2	2	
		综合配线架,DDF+ODF+VDF	架	1	1	
		百兆纵向加密认证装置,4,明文吞吐量95Mbps,密文吞吐量25Mbit/s	套	2	2	
		网络路由器,100Mbit/s,8个千兆光,8个千兆电	个	1	1	
		网络路由器,1Mbit/s,4个E1,16个百兆电,8个异步串口	个	1	1	

图 6-20　错误图示

竣工图中未见采用185电缆，也未给出3×185电缆终端的安装位置，施工现场也未见安装，因此，3×185电缆终端不属于本工程物资。

核对竣工图，超领、未入库物资在工程结算前应尽快完成物资退库和补入库工作。根据竣工图据实完成物资结算和竣工结算，本工程从结算中删除3×185电缆终端头。

（3）正确处理示例见图6-21。

A	B	C	D	E	F
项目编号：					
项目名称：					
序号	物料编号	物料描述或短文本	单位	采购订单数量	到货数量
		控制电缆，KVVP2，2.5，4，ZR，22	m	350	350
		控制电缆，KVVP2，2.5，14，ZR，22	m	450	450
		控制电缆，KVVP2，2.5，7，ZR，22	m	570	570
		SDH设备，622Mbit/s，64×64VC4，无，无，6，8，63，无	套	1	1
		PCM设备，单方向	套	2	2
		综合配线架，DDF+ODF+VDF	架	1	1
		百兆纵向加密认证装置，4，明文吞吐量95Mbps，密文吞吐量25Mbit/s	套	2	2
		网络路由器，100Mbit/s，8个千兆光，8个千兆电	个	1	1
		网络路由器，1Mbit/s，4个E1，16个百兆电，8个异步串口	个	1	1

图6-21　正确图示

（4）参考依据。

《国家电网公司输变电工程结算管理办法》

《国家电网公司物资计划管理办法》

6.1.10　项目法人管理费结算不准确

（1）案例描述。

项目法人管理费中经常出现超概结算、归集错误、缺项漏项等典型问题。

（2）错误问题示例见图6-22、图6-23。

其他费用结算一览表

表格编码：竣结-04　　单位：元

序号	单位工程项目	批准概算	结算金额	结算较概算增减率（%）	备注
2	项目建设管理费	273526.0000	255705.0500	-6.52	
2.1	项目法人管理费	63454.0000	63600.2200	0.23	其中：档案信息管理专项服务费6630元
2.1.1	结算审计费		24990.8900		
2.1.2	决算编制费		10800.0000		
2.2	招标费	51886.0000	46944.0000	-9.52	
2.3	工程监理费	90400.0000	90400.0000		
2.4	设备监造费	61832.0000	15338.0000	-75.19	
2.5	工程结算审核费	5954.0000	3631.9400	-39.00	
3	项目建设技术服务费	473103.0000	480180.0000	1.50	

图6-22　错误图示

（2）其他费用报审有误，核减 11.56 万元，如：项目法人管理费报审结算少列 2.86 万元，审核予以调整，招标费重复报送，核减 4.07 万元，环境监测验

图 6-23 结算审核报告项目法人费费用调整图示

（3）整改措施。

项目法人管理费应按照批复概算的金额和电力建设预算编制与计算规定中明确的项目进行计列，避免缺项、漏项、超概结算。

（4）参考依据。

《国家电网公司输变电工程结算管理办法》

《国家电网公司基建技经管理规定》

6.1.11 工程税率计算有误

（1）案例描述。

2019 年 4 月 1 日以前的工程计取 10%的税，4 月 1 日以后未支付金额应该按照 9%调整，但是部分工程未根据国家政策及时调整税额，造成多结算工程费用。

（2）错误问题示例见图 6-24。

工程项目竣工结算汇总表

工程名称：××330kV变电站间隔扩建工程　　金额单位：元

序号	项目或费用名称	金额	备注
1.2	安装工程	598902	
1.2.1	其中：暂估价材料费		
2	承包人采购设备费		
3	措施项目费	78789	
3.1	措施项目（一）	78789	
3.1.1	其中：临时设施费	19640	
3.1.2	其中：安全文明施工费	18224	
3.1.3	其中：施工过程增列措施项目费		
3.2	措施项目（二）		
3.2.1	其中：施工过程增列措施项目费		
4	其他项目费	83343	
4.1	其中：施工过程增列其他项目费		
5	规费	84347	
6	税金(10%)	94253	
7	发包人采购材料费	104113	
8	竣工结算价合计	1027391	

图 6-24 错误图示

（3）正确处理示例见图 6-25。

工程项目竣工结算汇总表

工程名称：××330kV变电站间隔扩建工程　　　　金额单位：元

序号	项目或费用名称	金额	备注
3	措施项目费	78789	
3.1	措施项目（一）	78789	
3.1.1	其中：临时设施费	19640	
3.1.2	其中：安全文明施工费	18224	
3.1.3	其中：施工过程增列措施项目费		
3.2	措施项目（二）		
3.2.1	其中：施工过程增列措施项目费		
4	其他项目费	83343	
4.1	其中：施工过程增列其他项目费		
5	规费	84347	
6	税金	91489	
6.1	税金（10%）	72583	
6.2	税金（9%）	18906	
7	发包人采购材料费	104113	
8	竣工结算价合计	1027391	

图 6-25　正确图示

（4）参考依据。

《财政部、财政总局关于调整增值税税率的通知》（财税〔2018〕32 号）

（5）特别说明。

最新调整参考《关于调整电力工程计价依据增值税税率的通知（国家电网电定〔2019〕17 号）》。

6.1.12　结算审批表缺失或签字、盖章不全，结算未审批

（1）案例描述。

部分工程在送审计时，省公司结算审批表缺失或签字、盖章不全。

（2）错误问题示例见图 6-26。

工程结算审批表

序号	工程名称	概算金额（万元）		结算金额（万元）		备注
		静态投资	动态投资	静态投资	动态投资	
1	××新建变电站工程（不含通信）	13930.9463	14191.9463	13042.8588	13059.1795	
2	××变电站光通信设备工程	280.3840	285.3840	226.0031	226.1169	
3	××线路工程（不含OPGW）	9722.8448	9904.8448	8860.2123	8883.6922	
4	××线路OPGW光缆工程	346.5414	352.5414	303.7984	303.7984	
	合计	24280.7165	24734.7165	22432.8726	22472.7870	

建设管理单位名称（盖章）：	省级公司建设部（盖章）：
分管领导（签字）： 日期：　年　月　日	建设部主任（签字）： 日期：　年　月　日

无签字、盖章

图 6-26　错误图示

工程结算审批表应根据输变电工工程结算管理办法的要求，签字、盖章完整。

（3）正确处理示例见图 6-27。

宁夏吴忠 输变电工程结算审批表

序号	工程名称	概算金额（万元）		结算金额（万元）		备注
		静态投资	动态投资	静态投资	动态投资	
1	变电站间隔扩建工程	1980.00	2005.00	1781.31	1798.66	
2	间隔扩建工程	444.00	450.00	398.94	399.00	
3	线路工程	4558.00	4615.00	5883.24	5886.78	
4	线路工程	5771.00	5844.00	4426.53	4426.84	
5	系统通信工程	493.00	499.00	352.42	352.42	
	总计	13246	13413	12842.44	12863.70	

建设管理单位	省级公司建设部
分管领导（签字）： 日期：2016年11月28日	建设部主任（签字）： 日期：2016年11月28日

图 6-27　正确图示

（4）参考依据。

《国家电网公司输变电工程结算管理办法》

《国家电网公司基建技经管理规定》

6.1.13　分系统调试多结、漏结或无依据结算

（1）案例描述。

分系统调试和特殊调试费用结算中存在漏计、多计、无依据计列等问题，导致工程结算费用不准确。

（2）错误问题示例见图 6-28。

8.1 分系统调试								
变压器系统调试	系统	1	1		6931.68	6931.68	6932	6932
变压器系统调试	系统	1	1		1969.71	1969.71	1970	1970
交流供电系统调试	系统	6	6		799.8	799.8	4799	4799
交流供电系统调试	系统	2	2		1622.53	1622.53	3245	3245
交流供电系统调试	系统	1	1		799.8	799.8	800	800
交流供电系统调试	系统	1	1		1622.53	1622.53	1623	1623
母线系统调试	段	1	1		828.07	828.07	828	828
母线系统调试	段	1	1		1306.1	1306.1	1306	1306
事故照明及不间断电源系统调试	站	1	1		264.29	264.29	264	264
中央信号系统调试	站	1	1		2927.05	2927.05	2927	2927
微机监控、五防系统调试	站	1	1		9750.13	9750.13	9750	9750
电网调度自动化系统调试	站	1	1		5078.23	5078.23	5078	5078
二次系统安全防护系统调试	站	1	1		3835.33	3835.33	3835	3835
智能辅助系统调试	站	1	1		5861.3	5861.3	5861	5861
交直流电源一体化系统调试	站	1	1		5814.42	5814.42	5814	5814

图 6-28　错误图示

事故照明及不间断电源系统调试已包含在交直流一体化系统调试中，存在重复结算的问题，中央信号系统调试无试验报告，不发生费用计列。

（3）正确处理示例见图 6-29。

8.1 分系统调试								
变压器系统调试	系统	1	1		6931.68	6931.68	6932	6932
变压器系统调试	系统	1	1		1969.71	1969.71	1970	1970
交流供电系统调试	系统	6	6		799.8	799.8	4799	4799
交流供电系统调试	系统	2	2		1622.53	1622.53	3245	3245
交流供电系统调试	系统	1	1		799.8	799.8	800	800
交流供电系统调试	系统	1	1		1622.53	1622.53	1623	1623
母线系统调试	段	1	1		828.07	828.07	828	828
母线系统调试	段	1	1		1306.1	1306.1	1306	1306
微机监控、五防系统调试	站	1	1		9750.13	9750.13	9750	9750
电网调度自动化系统调试	站	1	1		5078.23	5078.23	5078	5078
二次系统安全防护系统调试	站	1	1		3835.33	3835.33	3835	3835
智能辅助系统调试	站	1	1		5861.3	5861.3	5861	5861
交直流电源一体化系统调试	站	1	1		5814.42	5814.42	5814	5814
8.2 特殊项目调试								

图 6-29 正确图示

删除分系统调试中的事故照明和不间断电源系统调试和中央信息系统调试，并根据调试报告据实结算相关特殊调试项目费用。

（4）参考依据。

《国家电网公司输变电工程结算管理办法》

6.1.14 线路工程中导线和光缆架设工程量计算错误

（1）案例描述。

线路工程中导线和光缆架设工程量计算错误，主要体现在将导线长度和光缆长度作为架设工程量进行计算，造价结算不准确、增加工程成本。

（2）错误问题示例见图 6-30。

分部分项工程量清单计价表

工程名称：泾源-新民35kV线路工程

序号	项目编码	项目名称	项目特征	计量单位	工程量	单价					
						综合单价	其中				
							人工费	材料费			机械费
								承包人采购	发包人采购	其中：暂估价	
27	SD4101D12001	避雷线架设	1.架设方式:一般架线 2.型号、规格:一根GJ-50镀锌钢绞线	km	2.731	1863.89	953.97	32.33	3245.42		213.56
28	SD4101D11001	导线架设	1.架设方式:一般架线 2.导线型号、规格:JL/G1A-120/25-7/7钢芯铝绞线 3.回路数:单回路 4.相数:二相 5.相分裂数:无分裂	km/二相	18.578	4551.83	2055.88	68.83	15018.41		569.76
29	SD4101D12002	OPPC光缆架设	1.架设方式:张力架线 2.型号、规格:24芯OPPC光缆	km	19.44	5964.43	925.48	43.62	18733.03		3381.91
	SD4102	4.2 跨越架设									

图 6-30 错误图示

结算按照导线长度 19.44km 进行结算。根据竣工图按照档距计算 OPPC 光缆架设长度应为 18.578km，并据实进行结算。

（3）正确处理示例见图 6-31。

分部分项工程量清单计价表

工程名称：××35kV线路工程

序号	项目编码	项目名称	项目特征	计量单位	工程量	单价						
						综合单价	其中					
							人工费	材料费			机械费
								承包人采购	发包人采购	其中：暂估价	
27	SD4101D12001	避雷线架设	1.架设方式:一般架线 2.型号、规格:一根GJ-50镀锌钢绞线	km	2.731	1863.89	953.97	32.33	3245.42		213.56
28	SD4101D11001	导线架设	1.架设方式:一般架线 2.导线型号、规格:JL/G1A-120/25-7/7钢芯铝绞线 3.回路数:单回路 4.相数:二相 5.相分裂数:无分裂	km/二相	18.578	4551.83	2055.88	68.83	15018.41		569.76
29	SD4101D12002	OPPC光缆架设	1.架设方式:张力架线 2.型号、规格:24芯OPPC光缆	km	18.578	5964.43	925.48	43.62	18733.03		3381.91
	SD4102	4.2 跨越架设									

图 6-31 正确图示

（4）参考依据。

《国家电网公司输变电工程工程量清单计价规范》（Q/GDW 11337—2014）

6.2 审计常见案例

6.2.1 工程建设未严格按照批复概算内容实施

（1）案例描述。

部分工程在建筑工程签证费用中存在应运维站要求修复原有建筑物继电室散水坡、替运维搬东西、修复运维站等批复概算之外的工作内容，将其他项目的工作内容放入基建工程，影响基建结算的准确性，存在审查、审计风险。

（2）错误问题示例见图 6-32。

4、工程建设中实施了批复概算外内容

如：建筑工程签证费用中，应运维站要求修复原有建筑物 330kV 继电室散水坡坏的部分、替运维搬东西、修复运维站方砖等工作内容涉及金额 25758.00 元，此项费用属于批准概算外内容。

图 6-32 错误图示

（3）整改措施。

在工程实施过程中应明确划分基建工程与大修技改工程划分界限。修复原有建筑物继电室散水坡、修复运维站等项目应在大修技改项目中单独实施，不得与基建工程一并实施，增加基建工程成本。

（4）参考依据。

《国家电网公司输变电工程结算管理办法》

《国家电网公司基建技经管理规定》

6.2.2 工程成本中应分摊的未分摊

（1）案例描述。

部分工程存在工程成本不分摊、分摊不准确等问题，如基建工作电视电话会议费等费用的分摊问题。常见情况有应分摊的费用未进行工程分摊。

（2）错误问题示例见图6-33。

四、工程财务方面

（一）工程成本列支方面

1、工程成本列支不准确

公司2014年3月份召开“电视电话会议”，发生会议费8100.00元，该会议涉及2014年所有在建的基建工程，会议费应在各工程间进行分摊，但在财务处理时全部在双回330千伏输变电工程的项目法人管理费成本列支，成本列支不准确。

图6-33 错误图示

（3）整改措施。

严格工程相关成本费用的审批及列支，列支的相关成本费用，列明具体的发生事由，仅有相关负责人的签字审批，杜绝与工程无关的成本费用列支。部分应摊销的费用应严格按照《企业会计准则》和《国家电网公司会计核算方法》的要求进行财务处理，按照配比原则，对应在各项目间分摊的费用依据合理基础进行分摊。

（4）参考依据。

《企业会计准则》

《国家电网公司会计核算方法》

6.2.3 结算口径与批复概算不一致

（1）案例描述。

部分线路工程批复概算中光纤通信OPGW工程单独成册，送审结算将配套光纤通信OPGW工程含在线路工程、部分变电工程通信设备工程单独成册，结算时将其并入变电站工程、导致结算与概算口径不一致。

（2）错误问题示例见图6-34。

工程审计报告：

（二）工程竣工结算方面

1、结算口径与批准概算口径不一致

该工程线路送审结算中含配套光纤通信 OPGW 工程，而批准概算中该部分单独计列，因此应根据概算口径进行对应编制。

2、结算口径与批准概算口径不一致

该工程送审结算金额中未单独编制配套光纤通信设备工程，而是将光纤通信工程设备材料及安装费用 524.6628 万元列入了变电站工程，结算口径与批准概算口径不一致，应根据概算单独编制配套光纤通信设备工程。

图 6-34　错误图示

（3）整改措施。

严格按照初设批准概算口径和国家电网公司最新结算管理条例进行结算，结算时不得随意拆分、合并工程。

（4）参考依据。

《国家电网公司输变电工程结算管理办法》

《国家电网公司基建技经管理规定》

6.2.4　其他项目费结算未严格按合同执行

（1）案例描述。

审计发现部分其他费项目未提供合同、未按合同结算等。如可研编制费、环评报告编制费、测量费等经常未见合同，再如结算咨询费应考核扣减的未依据合同考核。

（2）错误问题示例见图 6-35。

（5）勘察费送审 163.7324 万元，审定为 147.0150 万元，核减 16.7174 万元，核减原因：送审未按照合同约定的结算方式予以计算。

（6）设计费送审 168.1121 万元，审定为 164.32 万元，核减 3.7921 万元，核减原因：送审未按照合同约定的结算方式予以计算。

1、项目法人管理费调整增加瑞华会计事务所结转决算审计费，核增 100432.24 元；

2、送审结算可行性研究设计文件评审费记取错误，审计依据合同金额计入结算，核增 49800 元；

3、送审结算可研编制费记取错误，审计依据合同金额计入结算，核增 20922 元；

图 6-35　错误图示

（3）整改措施。

依据《国家电网公司基建技经管理规定》[(国网基建)175—2015]第十六条工程结算指依据合同及有关规定对建设工程的立项、审批、实施、验收投运等工程建设全过程中的工程设计、施工、咨询、技术服务、物资供应、工程管理等建设费用结算的活动。相关单位应加强其他费合同审核，在结算、审计阶段提供相应的合同资料。其他费项目结算环节应严格履行合同，根据合同约定内容调整相应费用，尽早规避审查、审计风险。

（4）参考依据。

《国家电网公司输变电工程结算管理办法》

《国家电网公司基建技经管理规定》

6.2.5 工程竣工结算编制不及时、超期结算

（1）案例描述。

部分工程竣工结算严重超期，且结算资料不完整，交付运行100天后没有完整的结算资料，严重影响审计工作。

（2）错误问题示例见图6-36。

五、审计意见与建议

（一）工程竣工结算方面

1、工程竣工结算编制不及时

该工程2015年4月28日交付生产运行单位，正式投入运行，截止审计单位2015年12月21日，没有与该工程相关的完整竣工结算资料。

图6-36 错误图示

（3）整改措施。

依据《国家电网公司输变电工程结算管理办法》[国网（基建/3）114—2015]第二十一条（二）工程竣工投产后，220千伏及以上输变电工程应于单位工程竣工验收后15日内编制完成并提交竣工结算文件；110千伏及以下输变电工程应于单位工程竣工验收后10日内编制完成并提交竣工结算文件。第二十八条（一）工程结算应以工程实际和财务账面发生情况为依据，及时收集工程款发票和支付凭证，220千伏及以上输变电工程竣工验收后60日内，110千伏及以下输变电工程竣工验收后30日内，建设管理单位应编制完成并上报工程结算报告。

（4）参考依据。

《国家电网公司输变电工程结算管理办法》

6.2.6 工程结算审核费用未按照合用要求分摊

（1）案例描述。

部分工程的勘察设计费、初步设计评审费、结算审核费等其他费合同中已列表说明变电站、线路、间隔各自金额。而在结算中将其一笔计入某单项工程，未按合同约定分

别计入各分项工程，直接导致某单项工程其他费超概算。

（2）错误问题示例见图 6-37。

（六）其他方面

1、个别费用未按合同中列明的对应项目分别入账

国网宁夏中卫供电公司与山东正方建设项目管理有限公司签订的 220 千伏输变电工程结算审核合同中列表说明了变电站、线路、间隔各自的费用（共计 166004 元），财务账面将其一笔计入变电站工程，未按合同约定情况分别计入各分项工程。

建议：费用实际发生时应按合同中列明的对应项目分别入账，财务账面金额

图 6-37 错误图示

（3）整改措施。

费用实际发生时应按合同中列明的对应项目分别入账，财务账面金额应与合同相对应。在同一项目下归集所有相关费用，以便与批复概算金额相对比，控制并分析投资情况。

（4）参考依据。

《国家电网公司输变电工程结算管理办法》

《国网公司工程其他费用财务管理办法》

6.2.7 工程竣工结算报告编制不规范

（1）案例描述。

部分工程竣工结算报告编制签字、盖章不完整；部分工程竣工结算报告未执行最新的竣工结算报告格式。

（2）错误问题示例见图 6-38。

2、工程竣工结算编制不规范、内容不完整

该工程送审竣工结算编制中将安装材料费全部列入设备费中，与批准概算口径不一致，工程竣工结算无编制单位工程、无编制说明、主要材料汇总表无具体明细等。

五、审计意见与建议

（一）工程竣工结算方面

1、工程竣工结算编制不及时

该工程 2015 年 4 月 28 日交付生产运行单位，正式投入使用，截止审计进点之时，2015 年 12 月 21 日，没有与该工程相关的完整的竣工结算资料。

图 6-38 错误图示

（3）整改措施。

依据《国家电网公司输变电工程结算管理办法》和《国家电网公司输变电工程结算通用格式》施工结算文件应加盖造价执业专用章和单位公章，电子版数据应符合公司系统工程相关软件要求，竣工结算报告执行《国家电网公司输变电工程结算通用格式》2018版（基建技经〔2018〕32号）。工程管理部门要按照公司各类工程结算管理要求：220kV及以上电网基建工程在竣工验收后100日内将确认的工程结算书交财务部门，按照规定时间要求及时向财务部门提供完成的结算书，并办理资料交接手续。竣工结算编制审核单位加强工程结算工作，及时编制工程竣工结算报告及完整的结算资料。

（4）参考依据。

《国家电网公司工程财务管理方法》

《国家电网公司工程竣工决算管理办法》

6.2.8 项目前期费合同结算原则不明确，无法结算

（1）案例描述。

部分工程的土地复垦方案编制费的合同、可行性研究报告编制费合同在签订时未明确合同金额，仅给出了折扣率；或在合同中规定的结算原则按《关于落实〈国家发展改革委关于进一步放开建设项目专业服务价格的通知〉（发改价格〔2015〕299号的指导意见》（中电联定额〔2015〕162号结算，无任何依据按照中电联定额〔2015〕162号文区间值高值结算，造成结算失准，存在审计风险。

（2）错误问题示例见图6-39。

7. 合同价格和支付

7.1 合同价格

合同价格计算规则为“以该项目可行性研究报告的评审意见中投资估算（动态）为基础，格根据国家发展和改革委《建设项目前期工作咨询收费暂行规定》（计价格【1999】1283号）的规定计算（含税）。实际支付金额为“合同价格乘以93%（成交折扣率）”，并经双方在结算单签字确认。

7.1.1 价格调整

第4条 合同价格及支付方式

1、4.1 合同暂定价格为人民币（大写）肆万元整（¥40000.00）（含税）。最终合同价格依据中国电力企业联合会下发的“关于落实《国家发展改革委关于进一步放开建设项目专业服务价格的通知》（发改价格[2015]299号）的指导意见”中电联定额[2015]162号文，参照用地预审费用，乘以成交折扣比率80%计算确定。

图6-39 错误图示

合同约定了按照中电联定额〔2015〕162号文结算，但实际结算按合同金额结算。

（3）正确处理示例见图6-40。

7.1.1 合同价格为人民币(大写)柒拾万柒仟陆佰元整(¥707600)(含税)，具体价格构成见《分项价格表》(附件 2)。合同价格包括乙方因提供可行性研究服务所需支付的税费及履行本合同下全部责任义务所需的费用。

6. 合同价格及支付

6.1 合同价格

本合同价格为人民币（大写）陆拾肆万陆仟元整（¥646000元整）（含税），成交折扣率为76%，合同价格包括乙方因提供建设工程竣工环境保护验收调查与监测工作所需支付的税费及履行本合同全部责任义务所需的费用，其中包括但不限于以下费用：

图6-40 正确图示

（4）参考依据。

《国家电网公司输变电工程结算管理办法》

6.2.9 结算中费用划分错误

（1）案例描述。

竣工结算中将卸车保管费、人材机调整、特殊项目费及现场签证等属于建筑工程、安装工程费的内容计入其他费用，导致工程结算不准确，结算质量差。

（2）错误问题示例见图6-41。

（1）工器具及办公家具购置费未计取增值税，核增16237.92元；

（2）因费用划分有误，将卸车保管费、人材机调整、特殊项目费及签证从其他费用调出至建安工程费，其他项目费调减657777.59元；

（1）因费用划分有误，将卸车保管费、人材机调整、特殊项目费及签证从其他费用调入至建安工程费，建安工程费调增470528.59元；

（6）因费用划分有误，将签证费用从其他费用调入至建安工程费，建安工程费调增187249元；

图6-41 错误图示

（3）整改措施。

严格按照电网工程建设预算编制与计算规定，根据《国家电网公司输变电工程结算管理办法》和电网工程建设结算编制规定正确划分费用类型。结算时应重点关注卸车保管费、人材机调整、特殊项目费及签证费用，应按规定计入相应的建筑工程费和安装工程费。

（4）参考依据。

《国家电网公司输变电工程结算管理办法》

《电力建设工程预算编制标准与计算标准》2013 版

6.2.10 审定投资与批准概算对比差异较大

（1）案例描述。

审定投资与批准概算对比投资出现了较大差异，部分工程投资节余率过大、甚至部分单项工程存在超概情况。

（2）错误问题示例见图 6-42。

（一）审计发现的主要问题

1.已完工项目规模与概算投资对比，存在建设投资出现重大差异。如：工程批准概算投资（宁电建设[2014]562 号）4834 万元，审定投资 3413.2937 万元，较概算减少 1420.7063 万元。

三、审计中发现的主要问题

1.已完工项目规模与概算投资对比，存在建设投资出现重大差异。如：工程批准概算投资（宁电建设[2013]445 号）中光通信设备工程为 53 万元，审定投资 54.4571 万元，较概算增加 1.4571 万元。

图 6-42 错误图示

（3）整改措施。

加强项目前期工作深度，注重投资估算、概算的审核，提高计划投资、建设规模的准确性。投资估算和概算一经下达，必须严格执行，以维护计划的刚性和严肃性。

（4）参考依据。

《国家电网公司输变电工程结算管理办法》

《国家电网公司基建技经管理规定》

6.2.11 线路参数测试费用重复计列

（1）案例描述。

线路参数测试费用已经包含在输电线路试运行中，并且已经包含在施工单位总价承包费用中不应再单独结算，但是有的工程将全线路参数测试费用又与施工单位进行了结算，造成了重复结算的问题，导致工程成本增加。

（2）错误问题示例见图 6-43。

坡或挡土墙为总价承包费用，但本工程中增加的护坡及挡土墙费用为运行单位在中间转序验收过程中，提出增加 2430m³(未体现在竣工程图中)。本工程招标时，护坡及挡土墙的工程量为 1000m³，竣工图工程量为 526m³，实际未完成招标工程量 474m³ 应予以核减，同时增加运行单位要求增加的护坡及挡土墙费用。

b、全线路参数测试工作

因输电线路试运中已含线路参数测试费用，而输电线路试运已含在施工单位总价承包费用中，此费用重复计列，核减 84,383.00 元。

c、35kV 青铝线造增加的费用

定额高套及工程量多计，核减 34,500.00 元。

d、改线路增加的费用

核减冬施施工增加费所用的煤、木炭等 82,407.00 元。

图 6-43 错误图示

（3）整改措施。

严格按照《国家电网公司输变电工程结算管理办法》和《国家电网公司基建技经管理规定》，熟悉项目施工单位总承包合同的内容和工程量清单项目特征，理清各项费用，包含在施工单位总价承包费用中的项目应避免重复结算。

（4）参考依据。

《国家电网公司输变电工程结算管理办法》

《国家电网公司基建技经管理规定》

6.2.12 工程签证及委托手续不规范且滞后

（1）案例描述。

部分工程的工作签证及委托中无具体人工工日及台班使用数量的描述，并且部分工程竣工投产后，截止审计阶段仍有部分签证的签字、手续不完善。

（2）错误问题示例见图 6-44。

1、工程变更签证及委托手续办理不及时

该工程 2015 年 8 月 14 日竣工投产，截止审计进点之时 2016 年 1 月 4 日，部分变更签证及委托签字盖章手续仍不完善。

2、签证及委托要素不具体

如：生产管理系统（简称 PMS）和调度管理指挥系统（简称 OMS）信息录入工作签证及委托中无具体人工工日及台班使用数量的描述，也无相关签证费用。

图 6-44 错误图示

（3）整改措施。

依据《国家电网公司输变电工程设计变更及现场签证管理办法》第二十条“施工结算文件中应包含承包人申请结算的全部费用及相关依据，未在规定时间内提交结算资料和结算资料不齐全的项目不纳入工程结算”“现场签证应详细说明工程名称、签证事项内容，并附相关施工措施方案、纪要或协议、支付凭证、照片、示意图、工程量及签证费用计算书等支撑性材料”，建议承包单位及时办理变更签证及委托手续。结算编审管理单位与承包单位订立约束性文件，变更签证手续超期及相关支撑性依据不足的费用，不得纳入工程结算。同时建议相关单位按设计变更及现场签证管理办法要求，办理变更及现场签证手续。

（4）参考依据。

《国家电网公司输变电工程工程量清单计价规范》（Q/GDW 11337—2014）

《国家电网公司基建技经管理规定》

6.2.13 建设场地征用及清理费结算方式错误

（1）案例描述。

招投标及合同阶段对“建设场地征用及清理费”采用总价包干的方式，根据合同条款结算以合同价格的总价承包部分总金额为准，不因市场变化因素、政策调整和其他任何因素而调整。但结算据实结算，导致建设场地征用及清理费不准确，带来了审核审计风险。

（2）错误问题示例见图6-45。

（一）招投标及合同管理方面

1、招投标及合同中对“建设场地征用及清理费”用总价包干方式不合理

该工程《施工合同》条款“16.1.1 总价承包部分结算以合同价格的总价承包部分总金额为准，不因市场变化因素、政策调整和其他任何因素而调整。”

图6-45 错误图示

（3）整改措施。

依据《国家电网公司关于严格控制电网工程造价的通知》（国网基建〔2014〕85号）第三条：委托办理场地征用和清理赔偿工作，不得采用总价包干，应依据赔偿协议、原始票证、赔偿明细清单等依据性资料按实结算费用。应在招投标及合同签订阶段“建设场地征用及清理费”据实结算，不得实行总价承包。

（4）参考依据。

《国家电网公司关于严格控制电网工程造价的通知》（国网基建〔2014〕85号）

6.2.14 合同签订单位与合同实施单位不一致

（1）案例描述。

部分工程的特殊调试试验项目，签订合同的单位为施工单位，无专业分包范围，但是特殊调试试验报告、主变压器耐压局部放电试验等实际另由某公司实施并出具的报告。

（2）错误问题示例见图 6-46。

2、签订合同单位与实施单位不一致

该项目特殊试验项目，签订合同单位均为　送变电工程公司，经查相关特殊调试试验报告，主要变压器局部放电试验、绕组变形、耐压、温度控制器、SF6密度继电器校验等特殊调试实际由　公司实施并出具调试报告，电流电压互感器误差试验，六氟化硫气体试验等由　电科院计量鉴定中心实施并出具调试报告。

依据及建议：依据《国家电网公司输变电工程结算管理办法》第十二条输变

图 6-46　错误图示

（3）整改措施。

依据《国家电网公司输变电工程结算管理办法》第十二条输变电工程合同价款的确定方式“（三）合同未作约定或者约定不明的，应依据国家有关法律、法规和规章的规定，按照相关计价依据标准、办法，由发、承包人协商，并以补充合同的方式明确。”的规定，建议在合同签订时明确专业分包内容，结算时提供专业分包合同；或以补充合同的方式明确特殊调试试验项目；或将特殊调试项目委托具有资质的单位实施。

（4）参考依据。

《国家电网公司输变电工程结算管理办法》

6.2.15 超合同金额结算费用缺乏依据

（1）案例描述。

部分工程竣工结算送审施工费结算金额超过了施工合同金额，没有提供相关说明文件或者补充合同，缺乏结算依据有可能直接导致违规结算，存在后期审计风险。

（2）错误问题示例见图 6-47。

合同的方式明确。"的规定，建议以补充合同的方式明确特殊试验项目，并将相应特殊试验项目委托有资质的单位实施。

3、超合同结算金额结算费用没有相关说明

该工程竣工结算送审施工结算费用 5025503.00 元，合同金额 461989.00 元，超合同金额结算费用没有相关说明。

图 6-47　错误图示

（3）整改措施。

依据《国家电网公司原始凭证规范化管理意见（试行）》（国家电网财〔2012〕156号）第四章资产业务第九节"在建工程，四、施工单位工程结算应附合同或协议、发票、经审核或审计的结算报告及完工报告。结算价格超合同价的还应附补充合同……"。各建管单位应参考上述管理要求，加强合同管理工作，确保合同相关附件完整。

（4）参考依据。

《国家电网公司原始凭证规范化管理意见（试行）》（国家电网财〔2012〕156号）

6.2.16　建筑工程费、材料费和设备费等，财务入账归属不清

（1）案例描述。

技经人员对 ERP 系统业务操作不规范和费用理解不清，将工程中发生的费用未按照正确的总账科目进行归类，部分工程将安装材料费计入设备费、将设备购置费计入建筑工程费中。

（2）错误问题示例见图 6-48。

2、甲供主要材料核增 814160.53 元，核减 0.00 元，净核增 814160.53 元，

因送审时将安装材料费用全部列入设备费中，审定结算将此类费用从设备费中调出核增至安装工程中，核增 814160.53 元。

2、ERP 系统前端业务操作不规范，导致部分工程中发生的费用未能按照正确的总账科目进行归类。

如：将低压电缆、控制电缆、交流支柱绝缘子、电能表购置费计入建筑工程费项下等。

图 6-48　错误图示

（3）整改措施。

熟悉 ERP 系统操作业务，严格按照预规进行费用划分，在 EPR 系统中录入设备材料费、按照材料费和建筑费时应按照正确的总账科目及 WBS 编码进行规范记录，避免成

本间相互串项。

（4）参考依据。

《国家电网公司输变电工程结算管理办法》

《国家电网公司基建技经管理规定》